GOLDMANN
SACHBUCH

Autor

Wolfgang Gehrmann hat in Bochum Sozialwissenschaften studiert. 1977 Promotion zum Dr. sc. soc. Dreijährige Redakteurstätigkeit beim »Kölner Stadt-Anzeiger«. Seit 1979 Wirtschaftsredakteur bei der Wochenzeitung »DIE ZEIT«.

Von Mitgliedern der Wirtschaftsredaktion
»DIE ZEIT«
erschienen in der Goldmann Sachbuchreihe außerdem:

»Japan-Report.
Wirtschaftsriese Nippon – die sieben Geheimnisse des Erfolgs« (11651)
von Richard Gaul, Nina Grunenberg und Michael Jungblut
unter Mitarbeit von Helmut Becker. (Dieses Buch erscheint in japanischer Sprache bei Nippon Hoso Shuppan Kyokai, Tokio.)

»Bundesrepublik: ratlos?
Den Sozialstaat durch die Krise retten« (11653),
herausgegeben von Michael Jungblut.

»Gegenwirtschaft.
Die Firma ohne Chef: Ökonomie der Alternativen« (11654),
herausgegeben von Peter Christ/Richard Gaul/Wolfgang Gehrmann.

»Krise im Wunderland«
Neue Wege wagen – Vorschläge zu einer Umorientierung in
der Wirtschafts- und Sozialpolitik (11655),
herausgegeben von Michael Jungblut.

Wolfgang Gehrmann

GEN-TECHNIK DAS GESCHÄFT DES LEBENS

Verschlafen die Deutschen eine Zukunftsindustrie?

Originalausgabe

Made in Germany · 5/84 · 1. Auflage · 116

Umschlagentwurf: Design Team München
Umschlagfoto: Hans-Peter Weiblen
Satz: Filmsatz Schröter GmbH, München
Druck: Presse-Druck Augsburg
Verlagsnummer:11656
Lektorat: Dr. Ekkehard Reitter
Herstellung: Peter Papenbrok
ISBN 3-442-11656-2

Inhalt

1 Die industrielle Revolution aus dem Reagenzglas

Der Räuber verließ sich auf seinen Riecher. Zunächst hatte die Neugier des Besuchers aus der Sowjetunion ganz arglos geschienen. Ob er denn jene Mikroorganismen einmal sehen könne, mit deren Hilfe der britische Nahrungsmittelkonzern *Ranks Hovis McDougall* eßbares Protein herstellte, hatte er die Wissenschaftler gefragt, die ihn durch das Forschungslabor der Firma im Lord Rank Research Center in High Wycombe führten. Da der Gast als künftiger Lizenznehmer des biologischen Verfahrens in Frage kam, wurde der Wunsch ihm gern erfüllt. Doch kaum hatte der Klient in spe die Flasche mit dem getrockneten Organismus in Händen, zog er den Korken, hielt die Öffnung unter seine Nase und holte tief Luft. Nachdem er sodann herzhaft in sein sauberes Taschentuch geschneuzt hatte, grinste er zufrieden und verabschiedete sich eilends von den verdatterten Forschern, die geklauten Mikroben in seiner Tasche.

Nicht nur der rotzige russische Dieb, über den die *Financial Times* berichtete, ist derzeit hinter Mikroben her. In sämtlichen Industrieländern der Welt hat ein Bio-Boom eingesetzt. Noch mühen sich alle, mit den Folgen der ersten großen Zukunftstechnik, der Mikroelektronik, fertigzuwerden. Doch schon schickt sich eine zweite umfassende Innovation an, die industrielle Welt vor der Jahrtausendwende zu verändern: Biotechnologie.

Die neue Produktivkraft kommt aus den Labors der Molekularbiologen. Mit Nobelpreisen reichlich dafür gesegnet, haben vor allem amerikanische Forscher in den siebziger Jahren herausgefunden, wie Erbmaterial sich zwischen Lebewesen übertragen läßt. Durch genetische Manipulation können seither von Menschenhand Organismen mit nützlichen Eigenschaften gezielt verändert werden. Viele von ihnen liefern dann Stoffe, die wirtschaftlich verwertbar sind: Medikamente und Chemikalien, Brennstoffe, Nahrungsmittel und Metalle. Daß Mikroben Brauchbares produzieren, ist nicht neu. Pilze sondern zum Beispiel Penicillin ab und lassen Käse reifen, Bakterien fabrizieren Joghurt und Wein. Doch bisher mußten die nützlichen Organismen umständlich gesucht und gezüchtet werden. Nun schneidern sich die Gen-Ingenieure Nützlinge selbst, nach Maß.

Bisher auch waren die Märkte eher klein, auf denen die Produkte biologischer Verfahren gehandelt wurden. Doch nun ist das neue know how auf breiter Front unterwegs aus den Forschungszentren in die Fabriken. Vor allem Chemieindustrie und Pharmahersteller, aber auch Energielieferanten und Bergbau, Nahrungsmittelkonzerne und Landwirtschaft stehen vor einem Innovationsschub ohnegleichen.

Hochgesteckte Erwartungen

Der britische Wissenschaftsjournalist David Fishlock, ein gründlicher Kenner der Bio-Branche, schätzt: »Genau wie in der Elektronik werden die Neuerungen im mikrominiaturischen Maßstab der Biotechnologie äußerst tiefgehende und weitreichende Auswirkungen auf industrielle Produktionszweige haben, die niemals zuvor auch nur auf die Idee gekommen wären, daß sie Mikroben einmal als Arbeitskräfte nutzen würden.« Irving S. Johnson, Forschungschef des US-Pharmariesen *Eli Lilly*, träumt: »Die kommerziellen Anwendungen der Gentechnik finden ihre Grenzen allenfalls in der Phantasie der Leute, die das betreiben.« Das Büro für Technologie-Bewertung beim US-Kongreß prognostiziert, daß in zwanzig Jahren rund hundert gängige Chemikalien im Marktwert von 65 Milliarden Mark durch genetisch manipulierte Mikroben ökonomischer hergestellt werden können als heute. Für die gleiche Summe, schätzt die amerikanische Gentechnik-Firma *Genex*, werden zur Jahrhundertwende neue, bakteriell hergestellte Produkte auf dem

Markt sein. Schon Ende der achtziger Jahre, so sagt die US-Forschungsfirma *International Ressource Development* voraus, wird allein der Markt genetisch hergestellter Pharmazeutika ein jährliches Volumen von über sieben Milliarden Mark erreichen.

Das amerikanische Magazin *Time* kommt deshalb zu dem kühnen Schluß: »Nach der Atomspaltung ist die Gentechnik die überwältigendste Fertigkeit, die der Mensch erworben hat. Es sieht so aus, als sei sie die Technologie der achtziger Jahre – so wie es die Entwicklung der Kunststoffe in den vierzigern, der Transistoren in den fünfzigern, der Computer in den sechzigern und der Mikrocomputer in den siebzigern gewesen ist.«

Angesichts solch hochgesteckter Erwartungen nehmen sich die Warnungen der Skeptiker eher kleinmütig aus. Vorsichtige – zu vorsichtige? – Leute bezweifeln, daß die Gentechnik alle Hoffnungen erfüllen wird, die ihre Promoter heute hegen. Beim US-Elektrokonzern *General Electric* zum Beispiel, der sich erstaunlich früh um die neue Technologie gekümmert hat, vertreten Wissenschaftler durchaus die Ansicht, daß konventionelle Züchtungsmethoden genau das gleiche leisten wie die Gen-Übertragung – und zwar ohne lange Erprobungszeiten und teure Investitionen. Der Bau einer einzigen Pilotanlage, mit der die ökonomische Rentabilität eines neuen Bioverfahrens getestet werden soll, kann 150 Millionen Mark kosten und drei Jahre dauern. Viele amerikanische Großunternehmen – unter ihnen *Bristol-Myers, American Home Products* und *Warner Lambert* – halten sich in der Gentechnik deshalb erklärtermaßen zurück, obwohl sie aufgrund ihrer Produkte eigentlich daran interessiert sein müßten.

Die Firmen scheinen darauf zu setzen, daß sie sich später immer noch in die neue Technik einkaufen können, wenn ihre Konkurrenten sich dort als erfolgreich erweisen sollten. Doch die Zurückhaltung, so urteilt ein Wall Street-Kenner, könnte auch teuer werden. »Womöglich«, so der Beobachter, »wird das Gedränge groß. Für diejenigen, die sich später einkaufen wollen, könnte der Preis verdammt hoch werden.«

2 Das Geheimnis der Gene

Mag die Wahrscheinlichkeit, mit der all die Chancen der neuen Biotechniken Wirklichkeit werden, auch noch von Skeptikern anfechtbar sein – ein Argument spricht auf jeden Fall für jene Leute, die sich schon heute mit großer Entschlossenheit in der jungen Technik ökonomisch engagieren: Die Gentechnik hat sich bisher mit verblüffender Geschwindigkeit entwickelt.

Jahrhundertelang – denn Bioverfahren sind im Prinzip keineswegs Erfindungen unserer Zeit – hat sich beim produktiven Einsatz von Kleinlebewesen und von Züchtungsverfahren relativ wenig getan. In den letzten drei Jahrzehnten aber sind die Forscher in immer schnelleren Schritten den Geheimnissen der Gene auf die Spur gekommen.

Die Vorstellung, daß Erbinformationen die Eigenschaften der Lebewesen steuern, beschäftigt die Biologen spätestens seit den Tagen des österreichischen Augustinermönchs *Gregor Mendel* (1822–1884). Durch geduldiges Experimentieren mit Erbsenpflanzen im Klostergarten von Brünn hatte Mendel Mitte des 19. Jahrhunderts herausgefunden, daß Paare von Elementen darüber entscheiden, welche Merkmale einer Pflanze mit welcher statistischen Wahrscheinlichkeit von der Elterngeneration auf die Nachkommen übertragen werden.

Doch was genau diese Elemente eigentlich waren, blieb bis 1944 im Dunkeln. In jenem Jahr fand der amerikanische Mikrobiologe *Oswald T. Avery* heraus, welche chemische Substanz im Zellkern von Lebewesen der Sitz der Erbinformation ist. Zellkerne bestehen aus Protein (Eiweiß) und Desoxyribonukleinsäure (DNA). Aus einem dieser Stoffe mußten die Gene sein, und die Forscher hatten eigentlich immer auf Protein getippt. Avery aber entdeckte, daß die DNA der genetische Schlüssel für den Aufbau von Lebewesen ist.

Freilich war immer noch unklar, wie die Erbinformationen in der molekularen Struktur der DNA ausgedrückt werden. Den entscheidenden Schritt, auch dieses Rätsel zu lösen, taten fast ein Jahrzehnt nach Averys Entdeckung *James Watson* und *Francis Crick*, als sie 1953 herausfanden, daß die molekulare Struktur der DNA einer Doppel-Helix entspricht – einer spiralförmig gewundenen Leiter.

Die beiden parallelen Trägerelemente der Leiter sind dabei Stränge aus abwechselnd je einer Einheit des Zuckers Desoxyribose und einer Phosphateinheit. Die beiden Leiterstränge werden durch eine Vielzahl von Sprossen verbunden. Jede einzelne Sprosse besteht aus zwei Basenelementen. Für diese Basenpaare steht eine Auswahl von insgesamt vier Basen zur Verfügung: Adenin (A), Cytosin (C), Guanin (G) und Thymin (T). Eine A-Base kann dabei immer nur an eine T-Base angelagert sein, C ist nur mit G kombinierbar. Jeweils eine halbe Leitersprosse – eine Base also – ist mit einem Trägerelement aus Desoxyribose und Phosphat zu einem Baustein – einem Nukleotid – der DNA verbunden.

Die Sprossen auf der DNA-Leiter sind also eine vielfach variierbare Folge von A/T- und C/G-Basenpaaren. In der spezifischen Abfolge der Basenpaare ist die Erbinformation eines Organismus verschlüsselt. Vererbung, so fanden Watson und Crick heraus, vollzieht sich, indem von der DNA der Elterngeneration Kopien auf die Nachfolgegeneration übertragen werden.

Verborgen blieb aber weiterhin, *wie* die genetische Information in der DNA verschlüsselt ist. Klar war, daß der spezifische Aufbau von Eiweißstoffen durch die DNA gesteuert werden mußte. Proteine setzen sich zusammen aus einer Vielzahl von Aminosäuren – insgesamt stehen zwanzig dieser Aminosäuren zur Verfügung; je nach ihrer Kombination entstehen unterschiedliche Eiweißstoffe. Nach welchem Muster die Aminosäu-

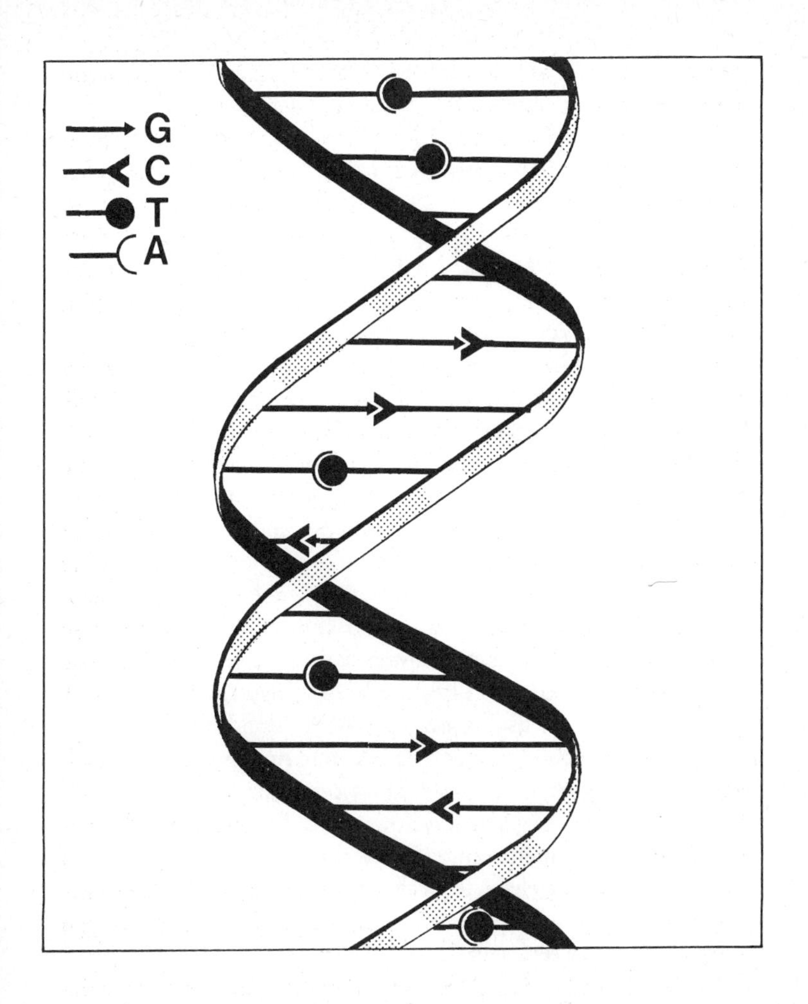

Die molekulare Struktur der DNA gleicht einer spiralförmig gewundenen Leiter. Zwischen den Leiterholmen aus abwechselnden Einheiten von Desoxyribose und Phosphat sind Sprossen von jeweils einer Paarkombination der Basen Adenin (A), Cytosin (C), Guanin (G) und Thymin (T) angelagert. A kann nur mit T, G nur mit C kombiniert sein.

ren jeweils zu einem Eiweißstoff zusammengebaut werden, das mußte in der Sequenz von Basenpaaren auf der DNA verschlüsselt sein – gerade so wie der Lochstreifen eines Fernschreibers den Code für einen ausdruckbaren Text enthält.

Der Code wird geknackt

Das Geheimnis des DNA-Code lösten die Wissenschaftler in den sechziger Jahren. Den Anstoß gaben 1961 der Amerikaner Marshall Nirenberg und der Deutsche Heinrich Matthaei. Sie entdeckten, daß je drei aufeinanderfolgende Nukleotide der DNA für eine bestimmte Aminosäure codierten, also bestimmten, welche Aminosäure in ein Protein eingebaut wird.

Eine Reihe solcher Dreierkombinationen von Nukleotiden mußte also je für ein Protein codieren. Diese Reihe von *Nukleotid-Triplets* ist demnach das, was der selige Gregor Mendel weiland als Gene gesucht hatte. Abschnitte von mehreren in Dreiergruppen zusammengefaßten Bausteinen der DNA im Zellkern bestimmen also über die Vielfalt des Lebens. Sie entscheiden, ob ein Mensch groß oder klein, blond oder schwarzhaarig ist, sie steuern auch, ob ein Protein im heranwachsenden Körper schließlich als Teil der Haut oder der Niere, der Nase oder des Fingers ausgeprägt wird.

Gentechnik ist nichts anderes, als mit der Abfolge der Gene auf der DNA zu spielen, sie zu manipulieren, Gene zu entfernen und neue einzubauen. Die Lebewesen, deren Erbinformation dermaßen verändert wird, synthetisieren dann auch neue Eiweißstoffe, kurz: die Organismen nehmen neue Eigenschaften an.

Mit der Entschlüsselung des genetischen Code in den sechziger Jahren war freilich nicht mehr geleistet, als die Neugier der Forscher zu befriedigen. Von praktischer Anwendung des neuen Wissens, von Gentechnik also, konnte noch keine Rede sein. Denn was den Wissenschaftlern fehlte, waren vor allem die

Instrumente, das Erbmaterial zu behandeln. Mit mechanischen Mitteln ist in der Mikrowelt der Moleküle nichts auszurichten. Die Messer der künftigen Genchirurgen mußten von anderer Art sein.

Das Verfahren, die DNA zu zerstückeln, einzelne Gene zu isolieren, neue Gene in die DNA einzubauen, entwickelten Anfang der siebziger Jahre im wesentlichen Molekularbiologen in Kalifornien. Ihre Skalpelle und Klammern sollten biochemischer Natur sein – Enzyme nämlich, das sind Biokatalysatoren, die chemische Reaktionen in lebenden Zellen beschleunigen.

Herbert Boyer von der University of California kam zu wissenschaftlichem Ruhm durch seine Methode, die DNA mittels eines Restriktionsenzyms zu schneiden. Bestimmte Enzyme trennen die DNA jeweils an den Stellen, an denen bestimmte Basenkombinationen aufeinanderfolgen. Damit war das erste Instrument gefunden, Gene zu isolieren. Etwa zur gleichen Zeit entdeckten andere Forscher, daß sich mit weiteren Enzymen, sogenannten *Ligasen*, die zerlegte DNA wieder kleben läßt.

Stanley Cohen schließlich von der Stanford University und seine Mitarbeiter fügten 1973 gemeinsam mit Boyer die fragmentarischen Fertigkeiten der ersten Gen-Chirurgen zusammen zum entscheidenden Schritt in der Gentechnik, der ersten Übertragung eines Gens zwischen unterschiedlichen Lebewesen. Zunächst isolierten die Wissenschaftler ein *Plasmid* aus Escherichia coli-Bakterien. Plasmide sind kleine DNA-Ringe, die frei und unabhängig vom Haupt-DNA-Strang im Zellkern schweben. Mittels schneidender und klebender Enzyme setzten sie sodann in dieses Plasmid ein DNA-Fragment ein, das sie zuvor aus Staphylococcus aureus-Bakterien entnommen hatten. Das angereicherte Plasmid schmuggelten sie sodann wieder in E.-coli-Bakterien ein – ein neues, in der Natur nicht vorkommendes Bakterium war von Menschenhand entstanden, vermehrte sich und gab seine künstliche Eigenschaft von Generation zu Generation weiter. Die künstlich hergestellten, gene-

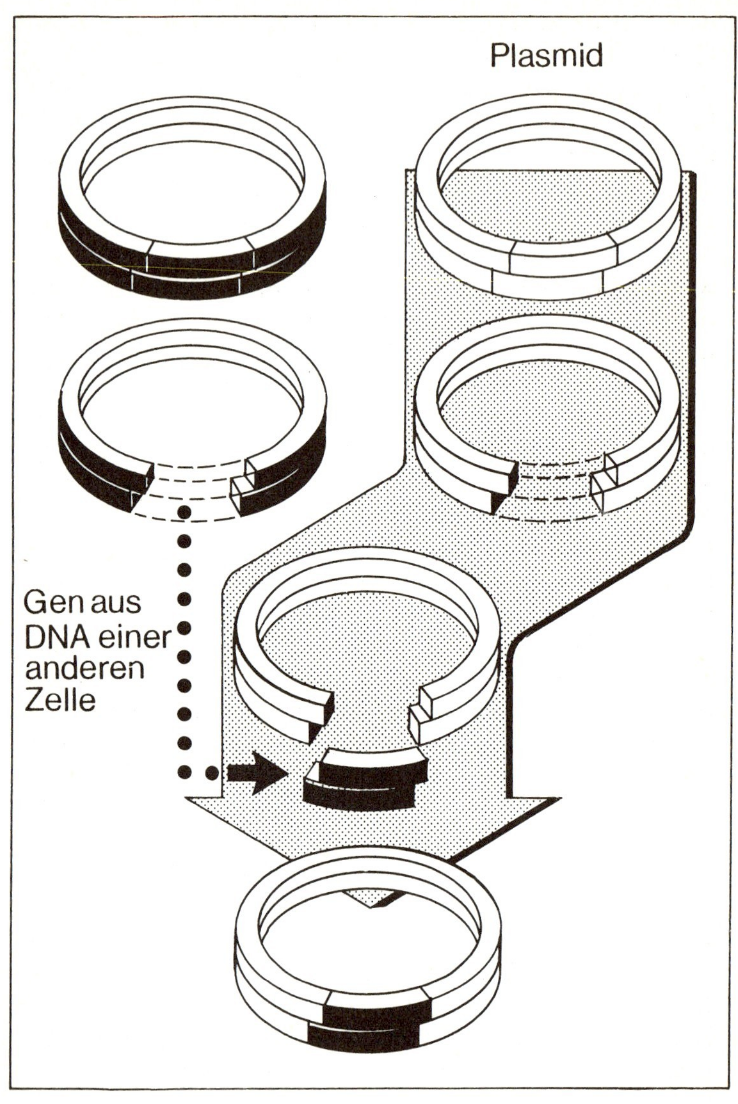

Plasmide – ringförmige DNA-Stücke aus dem Zellkern von Organismen – dienen als Vehikel zur Gen-Übertragung.

tisch identischen Lebewesen nennen die Forscher *Klone*, ihre Herstellung klonieren.

Anzufangen war mit dem neugeschaffenen Bakterium natürlich nichts. Doch die Spielerei der Forscher ist mittlerweile in tausendfachen Varianten wiederholt worden. Schon bald nach dem Bakterien-Experiment übertrug Cohen auch Gene von Fröschen in Bakterien – auch das noch, ohne daß die Bakterien damit schon quaken konnten. Doch jüngst haben Forscher der University of Pennsylvania Mäuse-Embryonen den genetischen Code für Rattenwachstumshormon eingesetzt. Das Ergebnis waren mächtige Mäuse von doppelter Größe.

Cohens und Boyers Verfahren ist der Schlüssel für die DNA-Neukombinierung, das aufregendste Verfahren der neuen Gentechnik – aber nicht das einzige. Schon beherrschen die Erbgut-Techniker auch das Verfahren, die Gene eines Mikroorganismus schlicht zu vervielfachen. Werden bei der DNA-Neukombinierung den Kleinlebewesen völlig neue Fähigkeiten verliehen, die sie ungewöhnliche Stoffwechselprodukte ausscheiden lassen, so stimuliert die *Gen-Vervielfachung* die Organismen einfach, jene Proteine, für die die vermehrten Gene codieren, künftig in größerer Menge zu liefern. Auf diese Weise können durch Erbgut-Manipulation die Ausbeuten mikrobiologischer Produktionsverfahren entscheidend gesteigert werden.

Kleine Agenten, große Wirkung

Diese Gentechniken – und andere, die womöglich noch kommen werden – werden eine Vielzahl biotechnischer Verfahren revolutionieren, deren sich die Menschheit seit Jahrtausenden bedient. In der Regel dreht es sich dabei um Fermentations- oder Gärungsprozesse, bei denen organische Stoffe chemisch umgewandelt werden. Die wichtigste Funktion der Mikroorganismen bei diesen Prozessen ist es, Enzyme auszuscheiden, die die Fermentationsprozesse katalytisch in Gang bringen und beschleunigen.

So mikroskopisch klein die Agenten dieser Verfahren sind, so groß ist doch ihre wirtschaftliche Bedeutung. Niemand kann genau sagen, wie groß die Umsätze der industriellen Mikrobiologie sind, weil ihre Wirkungen branchenübergreifend und allgegenwärtig sind. Allein für die USA aber geben *Arnold L. Demain* und *Nadine A. Solomon* in ihrem Aufsatz *Industrial Microbiology* die Umsätze mit dieser Technik mit etlichen zehn Milliarden Dollar an.

Weltweit gibt es etwa 500 Unternehmen, die Fermentationstechniken industriell einsetzen, zumeist als Herstellungsschritt bei der Produktion von Nahrungsmitteln. Der *Bayer-Konzern* etwa, drittgrößtes deutsches Chemieunternehmen, erzielt jährlich fünf Prozent seines Weltumsatzes, also 1,5 Milliarden Mark, mit Erzeugnissen aus biotechnischen Verfahren.

Hefe zum Beispiel wird seit Jahrtausenden zum Bierbrauen verwendet. Schon die alten Ägypter wußten, daß Bierhefe sich auch zum Säuern von Brot eignet. Essigsäurebakterien werden seit Jahrhunderten zur Essigbereitung verwendet, Milchsäurebakterien zur Herstellung von Joghurt sowie verschiedene Bakterien und Schimmelpilze zur Käsebereitung.

Bäcker, Brauer und Käsehersteller früherer Jahrhunderte hatten freilich keine Vorstellung davon, daß es nützliche Kleinlebewesen waren, die ihnen ihr Geschäft besorgten. Den Schleier lüftete erst *Louis Pasteur*, als er im Auftrag der Bierbrauer von Lille zwischen 1857 und 1876 untersuchte, was den Inhalt ihrer Gärbottiche sauer machte. Das Ergebnis von Pasteurs geduldigen Recherchen war die Erkenntnis, daß jeder Fermentationsprozeß durch einen besonderen Mikroorganismus ausgelöst wird – mithin ein biologischer Vorgang ist und kein chemischer, wie die Wissenschaftler der Zeit bis dato angenommen hatten.

Im Ersten Weltkrieg wurden Mikroben sogar militärisch genutzt. Als dem Deutschen Reich wegen der Seeblockade durch die Briten der Nachschub an Glycerin ausging, weil über

See keine pflanzlichen Öle – der damals übliche Glycerin-Rohstoff – importiert werden konnten, erinnerte man sich, daß auch bei alkoholischer Gärung geringe Mengen Glycerin anfallen. Eine schnell aufgebaute Fermentierungsindustrie lieferte bald monatlich tausend Tonnen Glycerin – die Sprengstoffversorgung war damit gesichert.

Von weitaus humanerer Wirkung war die mikrobiologische Jahrhundertentdeckung, die *Alexander Fleming* 1928 machte. Der Brite fand heraus, daß Ausscheidungen des Pilzes Penicillium notatum Kulturen des Bakteriums Staphylococcus aureus abtöteten. Anfang der vierziger Jahre wurde Flemings *Entdekkung des Penicillins* zum erstenmal in industriellen Herstellungsverfahren angewendet. Das *Zeitalter der Antibiotika* hatte begonnen.

Mittlerweile sind fünftausend verschiedene Antibiotika bekannt, jährlich werden mehrere hundert neue gefunden. Doch nur sehr wenige sind nützlich. Einige Lieferanten von brauchbaren Antibiotika können vielleicht durch gentechnische Methoden zu höheren Leistungen gebracht werden.

Unbegrenzte Fähigkeiten

Nicht nur die Ausscheidungen von Mikroben sind industriell nutzbar – auch die Organismen selbst. So wird zum Beispiel aus mikrobiellen Zellen Tierfutter hergestellt – sogenanntes Einzellerprotein –, bei dem nicht nur das von den Zellen gelieferte Eiweiß, sondern eben auch die Zellen selbst verwertet werden.

Am vielseitigsten von allen Mikrobenprodukten sind die *Enzyme*, die von Mikroorganismen geliefert werden. Sowohl in der Chemieindustrie als auch bei der Lebensmittelherstellung werden diese *Biokatalysatoren* eingesetzt: Beim Brauen und Backen ebenso wie in der Textilherstellung, als Zartmacher in der Fleischproduktion ebenso wie in der Lederverarbeitung, bei der Herstellung von Reinigungsmitteln und von Süßstoffen.

Allein von den vier wirtschaftlich wichtigen Enzymtypen und Enzymen – Proteasen, Alpha-Amylase, Glucamylase und Glucoseisomerase – werden weltweit heute 1300 Tonnen jährlich im Wert von 750 Millionen Mark hergestellt. Die wichtigsten Produzenten sind die dänische Firma *Novo Industri* und *Gist-Brocades NV* in den Niederlanden. Zusammen beherrschen sie sechzig Prozent des Weltmarktes.

Weitere interessante Produkte von Mikroorganismen sind die *Polysaccharide* – langkettige Moleküle aus Zuckereinheiten. Einer dieser Mehrfachzucker ist *Xanthan*, der von dem Bakterium Xanthomonas campestris geliefert wird. Xanthan wird Nahrungsmitteln als Dickungsmittel zugesetzt – oder aber in der Erdölindustrie als Zusatz zu Bohrspülungsmitteln verwendet.

Mikroorganismen können unbegrenzt viele ökonomisch interessante Substanzen liefern. Doch die meisten der dazu erforderlichen Verfahren sind nach herkömmlichen Biomethoden noch nicht rentabel. Gentechnik aber kann die Leistungsfähigkeit eines Mikroorganismus ganz erstaunlich steigern, und eine solche Verbesserung könnte dann auch die darauf basierenden Produktionstechniken ökonomisch lohnend werden lassen.

Durch Gentechnik können Mikroorganismen aber nicht nur produktiver werden, sondern auch andere neue Charakteristika erlangen, die von wirtschaftlichem Interesse sind. So können etwa störende Eigenschaften mikrobieller Produkte wie unangenehme Farben, Gerüche oder Schleime ausgeschaltet werden. Die Ausbildung von Sporen kann unterdrückt werden, so daß ein Mikroorganismus nicht mehr so leicht über die Luft verbreitet werden kann. Die Entstehung schädlicher Nebenprodukte kann vermindert oder beseitigt werden. Andere Eigenschaften, wie etwa die Resistenz gegen Viren oder genetische Stabilität, können jenen Mikroorganismen gegeben werden, denen sie fehlen.

Außerhalb der Fachwelt ist das Wissen über Bioverfahren und ihre Verbreitung offenbar allenfalls vage. Während jedermann zumindest eine ungefähre Vorstellung davon hat, was in einer

Stahlhütte, einem Walzwerk oder am Fließband einer Autofabrik vor sich geht, während sogar die Funktionsweise von Computern allmählich Bestandteil des Populärwissens zu werden beginnt, ist Biotechnik dem Mann auf der Straße nicht einmal vom Hörensagen bekannt. Doch zehn Jahre weiter, und das Wissen um die Struktur der Doppel-Helix, um Gen-Übertragung, Fermentationsprozesse und Bioreaktoren wird zur Allgemeinbildung gehören, weil Biotechnik bis dahin ein unübersehbarer Faktor in der Industrie sein wird.

3 Keine Zukunft in der Zukunftstechnik?

Fast scheint es so, als hätten auch manche Experten der Industrie im nächsten Jahrzehnt ihre biotechnische Lektion erst noch zu lernen, vor allem in der Bundesrepublik Deutschland. Zwar kann niemand den Managern der mächtigen Chemie- und Pharmakonzerne in der Bundesrepublik vorwerfen, sie seien blind für den sich entfaltenden Bio-Boom. Bei *Hoechst* und *Bayer*, *BASF* und *Schering*, *Merck* und *Boehringer Mannheim* wird sehr wohl aufmerksam beobachtet, was sich in den Labors der Molekularbiologen regt.

Doch interessierter Beobachter war vor Jahr und Tag auch die deutsche Elektroindustrie, als vom kalifornischen *Silicon Valley* aus die Technik der Mikrochips sich anschickte, die industrielle Welt zu erobern. Heute hat dennoch die deutsche Industrie in der elektronischen Zukunftstechnik nicht viel zu melden, das Milliardenspiel um die Mikrochips hat sie klar verloren. Firmen wie *Siemens*, *AEG* oder *Bosch* liegen um Jahre hinter der Konkurrenz aus Japan und den USA zurück, weil sie nicht schnell genug mit den richtigen Produkten am Markt gewesen sind. Fatal ist das, nicht weil das Selbstwertgefühl der Nation darunter litte. Die innovative Schwäche kostet aber heimische Arbeitsplätze, während die ausländische Konkurrenz die Märkte der Welt erobert.

Das gleiche Debakel wie in der Mikroelektronik droht nun in der Gentechnik: *No future* für Deutschland bei den Technologien der Zukunft?

Wenn jemand vom Bio-Boom betroffen sein muß, dann ist es die deutsche Chemieindustrie. Pharmafirmen wie Schering und Merck haben globale Geltung – noch. Die rheinischen Chemie-riesen Bayer, Hoechst und BASF sind weltweit mit die größten ihrer Zunft – bis auf weiteres.

Die Nachfolger der einst mächtigen IG Farben – bis in die Nachkriegszeit immer vornweg in Forschung und Innovation – sind nämlich viel zu zaghaft in das Geschäft mit den Genen eingestiegen. Japaner und Amerikaner haben auch hier die Nase schon vorn. *Hansgeorg Gareis*, Vorstandsmitglied bei Hoechst, räumt ohne zu zögern ein: »Die Amerikaner zumindest sind uns um Längen voraus.«

Professor Gareis muß es wissen. Denn den ersten Coup haben die Amerikaner auf dem deutschen Markt schon gelandet – gegen Hoechst. Seit Januar 1983 verkauft der US-Konzern *Eli Lilly* in der Bundesrepublik das erste gentechnisch hergestellte Massenprodukt: *Human-Insulin.* Auf das lebenswichtige Hormon, das den Blutzuckerspiegel regelt, sind in der Bundesrepublik rund 420000 Diabetiker angewiesen. In allen Industrieländern zusammen gibt es 35 Millionen Diabetiker – Tendenz stark steigend –, von denen fünf Millionen ständig Insulin brauchen. Weltweit hat der *Insulin-Markt* ein Umsatzvolumen von über 700 Millionen Mark, und um dieses Geschäft ist ein Konkurrenzkampf ausgebrochen, in dem genetisch manipulierte Bakterien zur entscheidenden Waffe zu werden scheinen.

Traditionell wird Insulin aus den Bauchspeicheldrüsen von geschlachteten Rindern und Schweinen gewonnen. Doch Eli Lilly läßt seit neuestem das Hormon von Bakterien der Art Escherichia coli erbrüten, denen der genetische Code für die Erzeugung menschlichen Insulins eingepflanzt worden ist.

Vorteil des Bakterien-Produkts: Es gleicht in seiner chemischen Struktur exakt dem Insulin, das die menschliche Bauchspeicheldrüse liefert. Rinder- und Schweineinsulin dagegen weichen geringfügig von dem humanen Hormon ab. Sie können deshalb bei Diabetes-Patienten Nebenwirkungen hervorrufen – es sei denn, das Insulin wird in einem aufwendigen Verfahren chemisch umgebaut und gereinigt.

Nachteil des Lilly-Insulins: Es ist noch zu teuer. 400 Einheiten des biosynthetischen Stoffs kosteten bei der Markteinführung im Großhandel 9,97 Mark. Ob Lilly da ein Gewinn bleibt, weiß man nicht. Hochreines Schweineinsulin dagegen ist für 9,50 Mark zu haben.

Attacke aus den USA

Dennoch war es für Lilly, so Forschungschef *Irving S. Johnson*, »eine leichte Entscheidung«, sechzig Millionen Dollar in die Herstellung des Gen-Insulins zu investieren. Er erwartet, daß in absehbarer Zeit tierisches Insulin aus den Schlachthäusern knapp wird.

Das ist nur die halbe Wahrheit. Viel wichtiger ist für Lilly, daß es mit seinem neuen Stoff ein Vehikel hat, in den von Hoechst beherrschten deutschen Markt einzudringen. Weltweit gehört dem US-Konzern der Markt für herkömmliches Insulin sowieso schon. Schätzungen gehen davon aus, daß Lilly den Weltmarkt zu deutlich über fünfzig Prozent versorgt. Zweitstärkster Anbieter ist die dänische *Novo Industri* mit fünfundzwanzig bis dreißig Prozent Marktanteil. Um den dritten Platz streiten sich Hoechst und der ebenfalls dänische Hersteller *Nordisk* mit je rund sieben Prozent Marktanteil. Auf dem bundesdeutschen Markt führt Hoechst noch mit rund siebzig Prozent Anteil, vor Novo und Nordisk mit etwa je fünfzehn Prozent.

Den Angriff von Lilly wird Hoechst selbst erst 1984 mit eigenem gentechnischen Insulin kontern können. Denn unbestritten ist der Frankfurter Pharmariese von dem Tempo, mit dem die Amerikaner ihr Bakterieninsulin marktreif gemacht haben, überrumpelt worden. Zwar hat Hoechst 1977, nachdem die ersten Publikationen über Experimente mit Insulin-Genen herauskamen, gleich seine wissenschaftlichen Späher nach Kalifornien geschickt. Im Jahr darauf wurde auch in Frankfurt mit Genexperimenten zur bakteriellen Herstellung von Insulin begonnen. Doch da war es schon zu spät, Lilly war längst weiter.

Dennoch, hofft Hoechst-Manager *Gareis*, können die Deutschen ihren Rückstand noch aufholen. Denn das Bioinsulin-Verfahren der Frankfurter, das 1984 ein marktreifes Produkt bringen soll, ist der Lilly-Methode angeblich überlegen. Insulin besteht aus zwei Bausteinen: einer A-Kette mit 21 Aminosäuren und einer B-Kette mit dreißig Aminosäuren, die durch zwei Schwefelgruppen verbunden sind. Die Amerikaner lassen die beiden Insulineinheiten getrennt von verschiedenen Bakterienkulturen herstellen und fügen beide dann durch eine chemische Reaktion zusammen. Die Bakterien von Hoechst dagegen erbrüten eine komplette Insulin-Vorstufe, von der lediglich ein Stückchen wieder abgetrennt werden muß, um reines Humaninsulin zu erhalten. Als entscheidender Vorteil des Hoechster Verfahrens winkt die Möglichkeit, daß es billiger wird als die Methode von *Lilly*. Damit böte sich dem deutschen Konzern sogar die Chance zur Gegenattacke auf dem amerikanischen Markt – auf dem man dann freilich auch dem dänischen Konkurrenten Novo begegnen würde, der ebenfalls mit Bakterieninsulin experimentiert.

Wer den Insulinkrieg gewinnt, ist also noch offen. Sicher ist nur dies – der erbarmungslose Konkurrenzkampf wird weltweit hohe Überkapazitäten für das Medikament hervorbringen. Die verbissene Auseinandersetzung auf dem Insulinmarkt gibt eine Vorahnung dessen, was kommen wird, wenn die Gentechnologie nicht mehr nur ein Produkt, sondern deren Hunderte hervorbringt.

Falsche Vorsicht?

Die Schätzungen, wann der Bio-Boom in voller Breite ausbricht, variieren nach Branchen und Produkten zwischen fünf und zwanzig Jahren. Am ehesten, so die Experten, werde die Pharmaindustrie mit gentechnischen Produkten kommen – Lilly hat den Beweis schon geliefert. Als nächstes würden sich in der

Chemie neue biologische Produktionsverfahren durchsetzen, die in der Lage sind, heute übliche energieintensive und ölabhängige Techniken zu verdrängen. Zuletzt würde es die Landwirtschaft treffen, die in spätestens zwei Jahrzehnten genetisch maßgeschneiderte Pflanzen anbauen werde.

Die Manager deutscher Unternehmen gehören eher zu denen, die erst auf längere Sicht mit breiten Wirkungen der Biotechnologie rechnen. Ein Genetik-Experte der Bayer AG mahnt zur Gelassenheit: »Das, was heute im genetic engineering attraktiv ist, ist an zwei Händen abzählbar. Für übergroße Euphorie ist gar kein Grund. Der Wirbel um die Biotechnologie ist eine Folge des unguten Gefühls, daß wir in der Bundesrepublik nicht genügend Innovationen haben. Deshalb ist die Erwartungshaltung gegenüber der Gentechnik nun enorm. Aber es sind bestimmt nicht die Forscher, die das gepusht haben.« Ein Sprecher der Ludwigshafener BASF stößt ins gleiche Horn: »Die Biotechnik ist gerade auf dem Weg, eine Technik zu werden – sie ist aber heute noch keine. Wir sehen jedenfalls für unser Unternehmen noch keine unmittelbare Bedrohung.«

Auch Schering in Berlin rechnet für sich erst in den neunziger Jahren mit spürbaren Auswirkungen der Gentechnik. Immerhin gibt aber Vorstandsmitglied *Herbert Asmis* zu verstehen, daß man sich gehörig auf die Hinterbeine stellen muß: »Mitte der siebziger Jahre haben bei uns die ersten amerikanischen Gentechnik-Labors angeklopft und Kooperationen angeboten. Wir sahen da für uns die Zeit noch nicht gekommen. Damals erntete man bei der Großindustrie nur ein mildes Lächeln – Gentechnik, das war etwas für Spinner. Inzwischen ist das als breite Zukunftsindustrie erkannt. Wir glauben, der Zeitpunkt ist gekommen, mehr zu tun. Und wenn wir das tun, müssen wir es intensiv tun.«

Ähnlich ist die Einschätzung bei Hoechst, der deutschen Firma, die nach außen erkennbar am entschiedensten in die neue Biotechnik einsteigt. Um so mehr muß zu denken geben, daß der britische Branchenbeobachter *David Fishlock* über den deutschen Gentechnik-Pionier das kühle Urteil fällt: »Obwohl die Firma viel für Forschung übrig hat und Wissenschaftler in ihrem Vorstand gut vertreten sind, ist sie doch äußerst konservativ. Im Umgang mit Wagniskapital ist sie unerfahren.«

Die junge Vergangenheit der Gentechnik lehrt indes, daß selbst gewagte Prognosen über die Entwicklung der Branche sich im nachhinein noch immer als zu vorsichtig erwiesen haben. Ein krasser Fall:

Im September 1979 sagten Experten auf einer Gentechnik-Konferenz in den Vereinigten Staaten voraus, daß es wohl noch drei Jahre dauern werde, ehe man manipulierte Bakterien dazu bringen könne, die antivirale Substanz *Interferon* zu produzieren. Nur vier Monate später gab das Forschungsunternehmen *Biogen* in Boston auf einer Pressekonferenz bekannt, daß ihm die gentechnische Herstellung von Interferon in seinen Labors gelungen sei.

Und selbst in den Bilanzen deutscher Chemiefirmen schlägt sich die Aktivität produktiver Mikroben in dramatisch wachsendem Ausmaß nieder – ganz im Gegensatz zu den verhaltenen offiziellen Prognosen der Manager. Mitte 1983 gab der Vorstandsvorsitzende der Bayer AG, *Herbert Grünewald*, auf der Hauptversammlung des Unternehmens erstmals bekannt, daß der Leverkusener Chemiekonzern im Jahr zuvor weltweit 1,5 Milliarden Mark mit biotechnischen Produkten umgesetzt habe. Nur ein halbes Jahr später berichtete Forschungschef *Karl Heinz Büchel* von der Bayer AG auf einer Pressekonferenz, daß sich diese Zahl für 1983 schon auf zwei Milliarden Mark erhöhe – eine Wachstumsrate von 33 Prozent.

4 Bakterien aus der Bio-Boutique

Für Dynamik in der Gentechnik sorgen die *Bio-Boutiquen* von Boston und San Francisco. Genau so wie die Mikroelektronik anfangs von Garagenfirmen im kalifornischen *Silicon Valley* gepusht worden ist, wird auch die genetische Innovation von mittlerweile Hunderten kleiner Betriebe vorangebracht, die von risikofreudigen Finanziers rund um die amerikanischen Forschungszentren an der Westküste und in Neuengland mit Kapital gefüttert werden. Pfiffige Professoren aus Harvard und Stanford vom *Massachusetts Institute of Technology* (MIT) und der *University of California San Francisco* haben sich mit smarten Jungunternehmern zusammengetan und einen klaifornischen Gen-Rausch ausgelöst.

Mittendrin ist zum Beispiel die Firma *Genentech*. Bei ihr hat der Hoechst-Konkurrent *Eli Lilly* das Gen und das know how für sein Gen-Insulin gekauft. Im Industriegebiet von South San Francisco wächst Genentech rapide von einem unscheinbaren Laborbetrieb zu einem ansehnlichen Produktionsunternehmen heran. Die Firma beschäftigt heute 700 Leute – vor vier Jahren waren es erst zehn. Vor sechs Jahren gar war das Unternehmen nichts als eine fixe Idee – die Idee von *Robert Swanson*, der damals gerade 28 Jahre alt war. Mit MIT-Diplomen in Chemie und Betriebswirtschaft in der Tasche, hatte er zunächst bei der New Yorker *Citybank* Großkunden in der Wagnisfinanzierung beraten. Die aufkommende Gentechnik erschien ihm bald als Gelegenheit, etwas auf eigene Rechnung zu riskieren. Bei etlichen Firmen und Wissenschaftlern, mit denen er ins Geschäft kommen wollte, holte *Swanson* sich Absagen. Endlich fand er seinen Mann: den vierzigjährigen University of California-Professor *Herbert Boyer*. Der Molekularbiologe galt zwar in seiner Zunft als etwas ausgeflippter Hippietyp. Doch ohne Zweifel war

Boyer ein wissenschaftliches As. Zusammen mit *Stanley Cohen* von der Stanford University hatte er 1973 den entscheidenden Schritt in der Technik der Gen-Übertragung entwickelt.

Als Swanson das Gen-Genie Boyer anrief, war der junge Professor bereit, dem fixen Möchtegern-Manager zwanzig Minuten lang in seinem Labor zuzuhören. Nach vier Stunden und etlichen Bieren – man war inzwischen in einen Pub übergewechselt – war Boyer überredet, für den Einsatz von 500 Dollar mit Swanson zusammen eine Gentechnik-Firma zu gründen. Da die beiden sich nicht einigen konnten, ob das neue Unternehmen »Boyer & Swanson« oder »Swanson & Boyer« heißen sollte, firmierten sie als *Genentech* – für *genetic engineering technology*. Das Unternehmen sollte Genforschung betreiben und seine Forschungsergebnisse weiterverkaufen. Die Jungunternehmer starteten gut. Swanson, der ehemalige Wagniskapital-Berater, verstand es, eine Million Dollar als Anfangskapital aufzutreiben. Unter den ersten Finanziers waren der Bergwerkskonzern *International Nickel* und der Chemieriese *Monsanto*. Später beteiligte sich das Großunternehmen *Lubrizol* mit zwanzig Prozent. Rund die Hälfte des Stammkapitals wird heute von den Genentech-Beschäftigten gehalten. Die andere Hälfte liegt bei den genannten Großfirmen und Hunderten kleiner Investoren.

Ein Jahr nach der Firmengründung gelang es Genentech, Bakterien genetisch so zu manipulieren, daß sie das menschliche Hirnhormon *Somatostatin* produzierten. Abermals nach Jahresfrist erbrüteten E. coli-Bakterien in den Genentech-Labors menschliches Insulin. Eli Lilly griff sofort danach. 1979 wurde im Rahmen eines Forschungsvertrages mit der schwedischen Pharmafirma *Kabi* menschliches Wachstumshormon bakteriell hergestellt. Wiederum zwei Jahre später gelang den Genentech-Wissenschaftlern die mikrobielle Herstellung von *Interferonen*. 1982 verfügte die kalifornische Pionierfirma schon über vierzehn Produkte, die von Mikroorganismen nach genetischer Manipulation hergestellt wurden. Fünf dieser Produkte befanden sich bereits im Stadium klinischer Tests.

Spektakel an der Wall Street

Um den entscheidenden Wachstumsschub zu bekommen, brachte Swanson die Firma im Oktober 1980 an die Börse. Eine Million Genentech-Aktien wurden für 35 Dollar das Stück ausgegeben, brachten also 35 Millionen Dollar in die Firmenkasse. An der Wall Street setzte ein irrsinniger Run auf Genentech ein. Zwanzig Minuten, nachdem der Handel mit den neuen shares eröffnet worden war, notierte die Aktie bei 89 Dollar.

Was an jenem Tag an der New Yorker Börse los war, beschrieb das Wall Street Journal als »eines der spektakulärsten Markt-Debuts der jüngeren Geschichte«. Weil der Aktienmission eine massive PR-Kampagne vorausgegangen war, hatte die Börsenaufsichtsbehörde den Ausgabetag immer wieder verschoben, um den Investoren eine faire Chance zu geben, sich objektiv über Genentech zu informieren.

Als es dann endlich losging, waren etliche Brokerhäuser überhaupt nicht in der Lage, die Nachfrage ihrer Kunden nach Genentech-Aktien zu befriedigen, obwohl schon 100000 shares mehr ausgegeben wurden als ursprünglich geplant. Einige Broker gaben die wenigen Papiere, die sie hatten ergattern können, im Lotterieverfahren an die Kundschaft weiter. Ein Händler in San Francisco kam selbst mit diesem Verfahren nicht mehr zurecht: In seiner Verzweiflung gab er die 25 Anteile, die er hatte, willkürlich an seinen alten Baseball-Trainer ab. Viele Leute haben sich an jenem Tag eine goldene Nase verdient. Rund die Hälfte der ausgebenen Aktien wurde noch am gleichen Tag weiterverkauft – mit stolzen Gewinnen.

Zu den großen Gewinnern des Genentech-Tages an der Wall Street gehörten auch die Beschäftigten der Labor-Firma, deren Dienste zum Teil durch die Ausgabe von Anteilscheinen abgegolten worden waren. Der 26-jährige *Richard Scheller* zum Beispiel hatte vier Jahre zuvor als Student bei Genentech an menschlichem Wachstumshormon mitgearbeitet und dafür 15000 shares bekommen. Der Biologe, der weder Auto noch

Telefon besaß und in dessen Kleiderschrank sich vor allem alte Jeans und T-Shirts fanden, wurde durch die Wall Street-Hausse über Nacht zum Millionär. Prompt beschloß er, ein paar Aktien zu verkaufen – »um meinen Lebensstil ein bißchen aufzumöbeln«, wie er Reportern grinsend kundtat.

Robert Swanson und Herbert Boyer sind sogar zigfache Dollarmillionäre geworden – zumindest auf dem Papier. Ob sie ihre Genentech-Anteile freilich zu Bargeld machen könnten, steht dahin. Denn an der Wall Street ist der Gen-Rausch jetzt erst einmal vorüber. Genentech notiert heute weit unter dem Rekordkurs nach der Ausgabe der Aktien.

Der Grund für den Zusammenbruch der Mikroben-Hausse: Genentech arbeitet nach der Aktienausgabe ohne nennenswerten Gewinn. Bei einem Umsatz von gut 21 Millionen Dollar wurden 1981 gerade 500000 Dollar als Profit ausgewiesen. Ausgeschüttet wurde davon nichts, denn die immensen Forschungs- und Entwicklungskosten erlauben der Firma nicht, ihren Aktionären Dividende zu zahlen. 1981 kamen die Forschungskosten auf 17 Millionen Dollar. Die Börsenhasardeure, die mit den sich fix vermehrenden Bakterien einen schnellen Dollar machen wollten, sind längst enttäuscht wieder ausgestiegen. Doch das heißt nicht, daß auch die Zukunft der Biotechnologie vorüber wäre.

Big Business kommt

Denn jetzt steigt big business in den Bio-Boom ein. Etliche Konzerne finanzieren Forschungsprojekte bei *Genentech* – neben *Eli Lilly* der Schweizer Pillen-Multi *Hoffmann-La Roche*, die schwedische Firma *Kabi*, der amerikanische Chemiekonzern *Monsanto* und aus der Bundesrepublik die *Chemie Grünenthal.* Mit *Corning Glass* wurde 1982 das Gemeinschaftsunternehmen *Genencor* gegründet, das Enzyme für die Lebensmittelindustrie herstellen soll.

Von den rund zweihundert venture-capital-Firmen, die Gentechnik betreiben, finden neben Genentech vor allem drei weitere das Interesse der großen Konzerne: *Cetus, Genex* und *Biogen.*

Cetus

● An der *Cetus Corporation* im kalifornischen Berkeley sind die Ölgesellschaften *Standard Oil of California* und *Standard Oil of Indiana* mit 24 und 21 Prozent beteiligt, außerdem die *National Distillers* und *Chemical Corp.* mit 16 Prozent. Der Rest des Stammkapitals gehört den Firmenangestellten, privaten Investoren und den Firmengründern *Ronald Cape, Pete Farley* und Nobelpreisträger *Don Glaser* – allesamt erfolgreiche Wissenschaftler, die von der Uni in die Industrie abgewandert sind. Weshalb sie Cetus 1971 gründeten, hat Ronald Cape einmal so erklärt: »Es hatte ein paar Dutzend Nobelpreise für die Entschlüsselung der Geheimnisse des Lebens gegeben. Aber wenn man sich nach irgendwelchen praktischen Auswirkungen umsah – da waren keine zu finden.« Das haben Cape und seine Kollegen gründlich geändert.

Cetus Corporation arbeitet vor allem an der biologischen Herstellung von Chemikalien, von Hilfsmitteln für die Ölförderung, von Einzellerprotein und an der Energiegewinnung aus Biomasse. Aber auch pharmazeutische Produkte wie Interferon oder Blutgerinnungsfaktoren gehören zum Forschungsprogramm. Ende 1982 hat Cetus dieses Programm drastisch einschränken müssen, weil der Firma das Geld ausging. Standard Oil of California hatte sich nämlich aus einem Cetus-Projekt zur Herstellung von hochreinem Fructose-Süßstoff zurückgezogen, in das schon neun Millionen Dollar investiert worden waren. Die dadurch bedingte Entlassung von vierzig Mitarbeitern machte der Branche klar, daß auch das boomende Bio-Business von Rückschlägen nicht verschont bleiben würde.

● Der bakteriell produzierte Fructose-Süßstoff, dem der Cetus-Partner Standard Oil of California keine Marktchancen gegeben und den finanziellen Nährboden entzogen hat, soll das erste marktreife Eigenprodukt der *Genex Corporation* in Rockville, Maryland, werden. Die *Searle Corporation* wird den Stoff für *Genex* vertreiben. Genex folgt damit der Philosophie, daß es für die Gen-Labors nicht genügen wird, Forschungsergebnisse zu verkaufen. Profit winkt nur dem, der selber Gentechnik-Produkte herstellt. Genex – die Firma wurde 1977 von dem Wagnis-Finanzier *Robert Johnston* und dem Biologen *Leslie Glick* mit 50 000 Dollar Startkapital gegründet – hat ihren Forschungsschwerpunkt auf die Entwicklung teurer Grundstoffe und weniger auf Pharmazeutika gelegt. Allerdings wurde bei Genex im Auftrag des US-Pharmakonzerns *Bristol Myers* auch bakterielles Interferon entwickelt. Durch die Konzentration auf Feinchemikalien, Zwischenprodukte und Additive hoffen die Genex-Manager den Gefahren langwieriger Zulassungsverfahren zu entgehen, wie sie für Medikamente oder Nahrungsmittel unvermeidbar sind.

Die Kalkulation, auf diese Weise schnell mit Erzeugnissen auf den Markt zu kommen, könnte aufgehen. Während 1982 noch ganze zehn Cents Gewinn pro Aktie gemacht wurden, schätzen Analysten des Brokerhauses *E.F. Hutton*, daß Genex ihren Gewinn für 1983 schon verachtfachen konnte. Den Anteilseignern – mit 45 Prozent die Ingenieurfirma *Koppers* und mit 25 Prozent der von *Monsanto* und *Emerson Electric* beherrschte *Fonds Innoven* – kann das nur recht sein. Sie haben sich ihr Engagement wenigstens 15 Millionen Dollar kosten lassen, die in Labors und den Aufbau der Produktionsanlage für Fructose investiert wurden.

Neben den Kapitaleinschüssen der Anteilseigner ist die zweite Finanzierungsquelle von Genex die Auftragsforschung für etliche internationale Großunternehmen. 1981 hatte die Laborfirma zu je einem Drittel Forschungsverträge aus den Vereinigten Staaten, aus Japan und Europa. Zu den Genex-Auftraggebern gehört auch der deutsche Pharmakonzern *Schering*, der an der bakteriellen Produktion von Aminosäuren interessiert ist.

Zu den Spezialitäten von Genex – bei dem Engagement des Ingenieur-Konzerns Koppers kein Wunder – gehört die Arbeit an automatischen Synthese-Apparaten. Diese sogenannten Gen-Maschinen können binnen ein bis zwei Monaten Teilstücke von Genen synthetisieren – eine Arbeit, die vor einem Jahrzehnt noch zwei bis drei Jahre in Anspruch nahm. Andere Apparate analysieren automatisch die Aminosäure-Sequenz von Proteinen. Da jeder Aminosäure ein Triplet von Nukleotiden auf der DNA entspricht (vergleiche Kapitel 2), kann der Code für die Nukleotid-Folge über einen Computer in den Syntheseapparat eingegeben werden, in dem Nukleotide gespeichert sind. Nach dem Code können dort die Nukleotide zu synthetischen Genen zusammengesetzt werden, die sodann enzymatisch zu vollständigen Genen verbunden werden und – in Bakterien eingepflanzt – dann wieder die Produktion von Eiweißstoffen in Fermentern steuern.

Biogen

● Das neben Genentech vermutlich interessanteste Unternehmen unter den Bio-Labors ist *Biogen*, eine internationale Firma mit Forschungsstätten in Genf und Cambridge, Massachusetts. Die Firma ist finanziell eine Partnerschaft von fünf amerikanischen Großunternehmen, die im wesentlichen das Aktienkapital halten: Der kanadische Bergbaukonzern *Inco*, der Chemieriese *Monsanto*, das Nahrungsmittelunternehmen *Grand Metropolitan*, der Ingenieurkonzern *Stone & Webster* sowie die Pharma-Firma *Schering-Plough*. Die fünf Unternehmen haben über Biogen ein hochkarätiges, internationales Team von dreizehn Hochschulprofessoren an sich gebunden, die im scientific board der Firma sitzen. Unter ihnen sind auch zwei Deutsche, nämlich der Biochemiker *Peter-Hans Hofschneider* von der Universität München und der Mikrobiologe *Heinz Schaller* von der Universität Heidelberg.

Für die Hochschullehrer ist die Verbindung nicht nur finanziell reizvoll. Sie können über Biogen vor allem Management-Einfluß auf die industrielle Verwertung ihrer Forschung nehmen, sind also weit mehr als nur Berater der fünf Industriefirmen. Die fünf Konzerne, die nicht miteinander konkurrieren, verschaffen sich ihrerseits direkten Zugang zu universitären Forschungsergebnissen. Denn obwohl alle diese Firmen auch eigene Genforschung betreiben: Die entscheidenden Fortschritte kommen von den Hochschulen, darin besteht Einigkeit. Für *Walter Gilbert* allerdings, Nobelpreisträger und Chairman von Biogen, gestaltete sich die Zusammenarbeit nicht ganz problemlos: Die Harvard University legte ihm nahe, seinen Lehrstuhl zu räumen, weil sich derart intensive Arbeit für die Industrie nicht mit den Aufgaben des Hochschullehrers vereinbaren lasse. Gilbert fügte sich und demonstrierte damit, daß nicht einmal in den USA die Kooperation von Industrie und Universität reibungslos ist.

Für Biogen freilich hat sich die Paarung von Gen-Genies und Großindustrie segensreich ausgewirkt. Die Firma führt neben Genentech bei der Entwicklung von bakteriellem *Interferon.* Im Herbst 1981 gab Schering-Plough bekannt, daß Biogen-Interferon an Krebspatienten getestet wird. Biogen arbeitet mit dem dänischen Pharma-Unternehmen Novo an mikrobiellem *Humaninsulin.* Für den japanischen Pharmariesen *Green Cross* wird ein *Hepatitis B-Serum* entwickelt. Zusammen mit *Inco* untersuchen Biogen-Froscher bakterielle Metallgewinnung. Die beiden deutschen Forscher *Hofschneider* und *Schaller* kümmern sich um die Entwicklung eines Impfstoffes gegen Maul- und Klauenseuche. Tierische Wachstumshormone, ein Malaria-Serum, sowie die Fermentation von Ethanol aus Biomasse sind weitere Punkte im Forschungsprogramm von Biogen. Um Massenprodukte dagegen bemüht sich die Firma nicht. Wenn nicht alles täuscht, wird Biogen das für den europäischen Markt wichtigste Gentechnik-Unternehmen.

Indes bekam auch die Professoren-Firma die Frosteinbrüche in der Bio-Blüte zu spüren. Die für 1982 geplante Ausgabe von Aktien mußte auf Anfang 1983 vertagt werden, weil unsicher war, ob sich ausreichend Käufer für die Biogen-Papiere finden würden. Zwar wurden dann am 22. März, dem ersten Ausgabetag, gleich 800000 der geplanten 2,5 Millionen Anteilscheine plaziert. Doch der Ausgabekurs von 23 Dollar war nach wenigen Tagen auf 20,25 Dollar gefallen.

Die Börse reagierte damit zweifellos auf Analysen von Branchenexperten, die die Lage der Biofirmen nüchtern und treffend dargestellt hatten. Die Genfirmen brauchen dringend Geld, um ihre Forschungsergebnisse in eigene Produkte umzusetzen. Die Produktentwicklung kostet aber etwa das Zehnfache der Forschung. Zudem müßten die Bio-Boutiquen, wenn sie selbst produzierten, gegen die etablierte Großchemie antreten, die sich aber geschickterweise schon durch Kapitalbeteiligungen Einfluß auf die Laborfirmen gesichert hat. Ein Dilemma, an dem die meisten Genfirmen scheitern werden.

Biogen hatte zudem noch Ende 1982 schlechte publicity, weil zwei seiner Topmanager zur Konkurrenz davongelaufen waren. Erst war Spitzenmann *Robert E. Cawthron* zum Pharma-Konzern *Rover International* gegangen. Und als ich Anfang Dezember 1982 zum vereinbarten Termin in Cambridge erschien, um Biogens US-Chef *Robert D. Fildes* für »DIE ZEIT« zu interviewen, mußte mir ein betretener PR-Agent gestehen, daß Fildes tags zuvor zur *Cetus Corporation* übergelaufen war. Fürwahr eine Branche, in der sich die Dinge schnell entwickeln!

Wenige werden überleben

Den führenden vier Firmen – Genentech, Cetus, Genex und Biogen – ist am ehesten zuzutrauen, daß sie dereinst hochprofitable high-tech-Unternehmen der Biobranche sein werden – so wie *Intel, Fairchild, National Semiconductors* oder *Texas Instruments* die Überflieger in der Mikroelektronik geworden sind. Von den übrigen Bio-Boutiquen dagegen werden wohl achtzig bis neunzig Prozent so schnell wieder verschwinden, wie sie gegründet worden sind.

Schon suchen die ersten Konkurse die neue Goldgräber-Branche heim. Anfang 1982 machte Southern Biotech in Tampa, Florida, dicht. Aufgeben mußten auch die Amos Corporation in San Francisco, LEE Biomolecular Research und Biotechnology Inc. Urteilt ein Kenner: »Die meisten dieser Firmen verkaufen nichts als Träume.« Sie unterschätzen den ungeheuren Kapitalbedarf, der nötig ist, um Gen-Verfahren zur industriellen Reife zu bringen. Selbst Branchenführer wie Cetus und Genex mußten ihre Forschungsprogramme ja schon zusammenstreichen und Leute entlassen. Schering-Plough hat mit der Firma DNAX bereits ein großes Gen-Unternehmen geschluckt. Und die Großindustrie wartet nur darauf, sich weitere Laborfirmen einverleiben zu können.

Orrie M. Friedman, Chef des Gen-Labors *Collaborative Research* und einer der besten Kenner der amerikanischen Bio-Szene: »Big Business ist nicht blöd. Was die Forschung angeht, so haben sie zwar alle die gleiche intellektuelle Paralyse. Aber sie haben alle Asse in der Hand, weil sie die Märkte kontrollieren. Sie müssen ja nicht die ersten sein. Sie können jede Lizenz zu jedem Preis kaufen – und für ein paar Millionen mehr kaufen sie gleich die ganze company.«

5 Der weiche Riese

Manches, was genetic engineering und Biotechnologie versprechen, ist noch science fiction. Doch wenigstens ebenso vieles gärt schon in den Fermentern der Versuchsanlagen. Wie das Beispiel des bakteriell hergestellten *Insulins* belegt, wird am ehesten die Pharmaindustrie von dem neuen Wissen profitieren. Dann, so schätzt das US-Kongreßbüro für Technologiebewertung, ist als nächste Branche die Chemieindustrie an der Reihe: Zwar würden sie die Auswirkungen des genetic engineering später treffen, aber die Breite der Wirkung werde am Ende hier besonders groß sein. Von den Industriezweigen, für welche die Genchirurgie mit Sicherheit Folgen haben wird, wird als letzter die Nahrungsmittelindustrie berührt. Schließlich könnten auch der Bergbau, die Ölförderung, die Umweltschutztechniken und die Landwirtschaft von den neuen Bioverfahren profitieren – doch wann dies sein wird, wagt niemand zu sagen.

Medizin an der Spitze

Daß ausgerechnet die Pharmaindustrie als erste Branche die Biotechnik der Zukunft nutzt, zeigt, daß die Mikroben für Überraschungen allemal gut sind. Denn verglichen mit Chemie- und Nahrungsmittelindustrie sind die Medizinfabrikanten erst relativ spät in die Fermentationstechnik eingestiegen. Heute aber sind schon für rund zwanzig Prozent aller Pharmazeutika Fermentationsprozesse auf irgendeine Weise von Bedeutung.

Grundsätzlich gilt: Wenn ein in der Natur vorkommender Organismus in der Lage ist, eine pharmazeutisch brauchbare Substanz zu erzeugen, dann kann man ihn durch genetische

Manipulation auch dazu bringen, höhere Ausbeuten zu liefern. Das klassische Beispiel dafür ist die *Penicillin-Herstellung*.

Der ursprüngliche Laborstamm des Pilzes Penicillium chrysogenum lieferte das bakterientötende Penicillin in so geringen Mengen, daß an eine industrielle Herstellung nicht zu denken war. Doch die Mikrobiologen unterwarfen den Penicillium-Stamm und seine Nachkommen einem brutalen *survival of the fittest*: In über zwanzig Selektionszyklen wurden die Stämme immer neuen mutagenen Stoffen und Behandlungen unterworfen. Unter dem Einfluß etlicher Chemikalien sowie von Infrarot- und Röntgenstrahlen überlebte am Ende ein Mutantenstamm, den der Anpassungskampf besonders leistungsfähig gemacht hatte. Der Stamm E-15.1 produzierte schließlich fünfundfünfzigmal soviel Penicillin wie der ursprüngliche Laborstamm, mit dem Alexander Fleming experimentiert hatte. Mittlerweile ist der Fleiß der Penicillin-Pilze durch weitere Mutation und Selektion noch gesteigert worden.

Was die Mikrobiologen mit herkömmlichen genetischen Verfahren jahrzehntelange Tüftelei gekostet hat, soll künftig in kürzester Zeit und mit vorhersagbarem Ergebnis möglich sein. Genex-Wissenschaftler *Leslie Glick*: »Man kann die DNA eines konventionellen Antibiotika herstellenden Mikrobenstammes, der normalerweise langsam wächst, einfach in einen schnell wachsenden Stamm einsetzen. Auf diese Weise produziert man eine ordentliche Menge des Antibiotikums in viel kürzerer Zeit.«

Doch nicht nur höhere Ausbeuten und kürzere Prozesse sollen dank Gen-Übertragung in der Pharmaherstellung möglich werden. Auch Stoffe, die bislang noch so gut wie gar nicht zur Verfügung stehen, sollen von genetisch maßgemachten Mikroben künftig erbrütet werden. Das Produkt, an dem die größten – aber auch die unsichersten – Hoffnungen hängen, heißt *Interferon*.

Endlich Mittel gegen Viren

Interferone sind Stoffe, mit denen die lebende menschliche Zelle sich gegen Virusinfektionen zur Wehr setzt. Anders als Bakterien sind Viren durch Antibiotika oder andere Medikamente bis heute nicht zu bekämpfen. Gegen etliche Virusinfektionen wie die gewöhnliche Erkältung, Grippe, Herpes, Hepatitis oder Gelbfieber ist die Medizin deshalb relativ hilflos. Stünden Interferone als Gegenmittel zur Verfügung, wäre das wahrscheinlich anders. Womöglich hilft die antivirale Substanz sogar gegen einige Krebsarten.

Doch leider kann der Wunderstoff bis heute nur in äußerst kleinen Mengen gewonnen werden. Haupt-Produktionsquelle ist das Bluttransfusionszentrum des finnischen Roten Kreuzes in Helsinki. Dort wird ein Interferon-Typ mühsam aus weißen Blutkörperchen extrahiert. Aus 50000 Litern Blut werden dort 5700 Liter verunreinigtes Leukozyten-Interferon gewonnen – der Reingehalt an Interferon in dieser Menge beträgt ein Zehntel Gramm. Ein Gramm des Stoffes kostet die unvorstellbare Summe von 100 Millionen Mark.

Das Angebot ist viel zu klein und viel zu teuer, um bislang auch nur testen zu können, ob Interferone tatsächlich die antiviralen Wundermittel sind, für die man sie hält. Doch das soll sich ändern. Die DNA-Technik kann der Schlüssel für die Massenherstellung von Interferonen werden. Führend auf dem Feld ist die Genfer Gentechnikfirma Biogen zusammen mit dem US-Pharmakonzern Schering-Plough sowie das Unternehmensgespann Genentech in San Francisco und Hoffmann-La Roche in der Schweiz. Der Genentech-Forscher *David Goeddel* und *Charles Weissmann* bei Biogen haben Bakterien dazu gebracht, die kostbare Substanz zu liefern. Aus einem Liter Kulturmedium werden nach dem gentechnischen Verfahren 0,6 Gramm Interferon gewonnen. Die Ausbeute wurde dadurch um mehr als das Tausendfache erhöht. Mittlerweile ist es auch gelungen, das Interferon von Hefen statt von Bakterien herstellen zu lassen

– die Ausbeuten können dadurch abermals stark verbessert werden. Schon hat Biogen-Boß *Walter Gilbert* angekündigt, sein Unternehmen könne Interferon so billig herstellen und reinigen, daß es für klinische Versuche kostenlos abgegeben werden solle. Alpha-Interferon von *Biogen* wird klinisch bereits auf seine Wirksamkeit gegen Virusinfektionen und Tumore getestet. Auch Gamma-Interferon – zehnmal so wirksam wie Alpha-Interferon – ist bereits gentechnisch hergestellt worden und klinisch erprobt.

Mehr und bessere Antibiotika

Am bedeutsamsten unter den medizinisch nutzbaren Stoffwechselprodukten von Mikroben sind gegenwärtig zweifellos die Antibiotika. Für die vier wichtigsten von ihnen – *Penicilline, Cephalosporine, Tetracycline* und *Erythromycine* – beträgt der jährliche Weltumsatz weit über zehn Milliarden Mark. Da leuchtet ein, daß erklecklicher Gewinn winkte, wenn es gelänge, mittels gentechnischer Methoden die Produktivität all der nützlichen Mikroben zu steigern.

Doch einstweilen sind dem noch Grenzen gesetzt. Bislang nämlich ist noch für kein einziges Antibiotikum der Weg seiner biosynthetischen Entstehung geklärt. Ein entscheidender Grund dafür scheint zu sein, daß es niemals nur ein einzelnes Gen ist, das für die Produktion eines Antibiotikums verantwortlich ist. Die Mikrobiologen haben sich deshalb bisher auf die klassischen Methoden der Genetik wie Mutation, Selektion und Paarung verlassen müssen, um zu besseren mikrobiellen Produkten zu gelangen.

Doch auch dabei sind sie auf ärgerliche Barrieren gestoßen: Eine Reihe höher entwickelter, industriell besonders interessanter Mikroorganismen läßt sich nicht miteinander kreuzen. Freilich wissen die Gen-Ingenieure auch dabei Rat. Statt einzelne Gene zwischen den Organismen zu übertragen, verschmelzen sie gewaltsam komplette Zellen von Mikroben, die sich auf natürliche Weise nicht kreuzen lassen. Durch bestimmte Enzyme lassen sich die Zellwände einer Zelle auflösen. Was übrigbleibt, sind ungeschützte, zellwandlose Protoplasten, die sich leicht miteinander fusionieren lassen. Die verschmolzenen Zellen können anschließend dazu gebracht werden, eine neue Zellwand aufzubauen und sich mit ihrem neukombinierten, gemeinsamen Erbmaterial zu vermehren. Auf diese Weise entstehen Lebewesen mit neuen produktiven Eigenschaften. So sind zum Beispiel vier verschiedene Stämme des antibiotikaproduzierenden Pilzes Streptomyces verschmolzen worden, um ein besseres Produkt zu bekommen. Andere Forscher haben Pilze verschmolzen, die das Antibiotikum *Cephalosporin C* produzieren, und die auf natürliche Weise nie zu paaren gewesen waren. Die »Kinder« dieser Protoplastenfusion lieferten eine um vierzig Prozent höhere Ausbeute des Antibiotikums als der ergiebigste Stamm ihrer »Eltern«. Zugleich hatten sie von ihrem unproduktivsten Elternteil noch dessen Hang zu schnellem Wachstum geerbt. Und schon wird berichtet, daß ein Wissenschaftlerteam verschiedene Stämme von Actinomyceten verschmolzen hat, die sodann ein bislang noch gänzlich unbekanntes Antibiotikum erbrüteten.

Der Grad der öffentlichen Informiertheit über diese Vorgänge in den Labors der Mikrobiologen ist komplementär zu ihrer wirtschaftlichen Wichtigkeit. Doch jede Firma, so vermutet das US-Kongreßbüro OTA, die mit Antibiotika produzierenden Pilzen zu tun hat, befaßt sich auch mit künstlicher Gen-Übertragung. Weil viel Geld im Spiel ist, wird hartnäckig geforscht und hartnäckig darüber geschwiegen.

Wettlauf um Hormone

Weit mehr an die Öffentlichkeit gedrungen ist dagegen über ein anderes medizinisches Feld, auf dem die Gentechnik eingesetzt wird – die Herstellung von Hormonen. In diesem Bereich sind die Genchirurgen bisher am weitesten fortgeschritten, hier wird die neue Technik auch am ehesten ihren ökonomischen Niederschlag finden. Vom bakteriengefertigten Insulin, dem Hormon, das den Blutzuckerspiegel regelt, war schon die Rede. Andere Hormone, an deren gentechnischer Herstellung die Forscher arbeiten, könnten zum Beispiel die Wundheilung verbessern oder die Neubildung von Nervenzellen fördern. Experimentiert wird auch mit Hormonen, die Schmerzen oder Appetit unterdrücken, oder mit solchen, die das Wahrnehmungsvermögen oder die Gedächtnisleistung verbessern.

Das Hormon, dessen bakterielle Herstellung nach dem Insulin wahrscheinlich als nächste marktreif wird, ist das menschliche Wachstumshormon. Die Gentechnikfirma *Genentech* in San Francisco hat die Markteinführung zusammen mit dem schwedischen Pharmaunternehmen *Kabi Gen AB* für 1983 angekündigt. Das Hormon erscheint geeignet, die Wundheilung bei Verletzungen oder nach chirurgischen Eingriffen zu fördern.

Die spektakulärste Anwendung könnte indes die Behandlung zwergwüchsiger Kinder sein. Schon wurde bakteriell hergestelltes Wachstumshormon an zwanzig Jugendlichen im Londoner *Great Ormond Street Hospital for Sick Children* getestet. Die gentechnische Produktion des Hormons böte endlich die Chance, es therapeutisch auf breiter Basis einzusetzen. Zwar kann Zwergwuchs auch heute schon mit Wachstumshormonen behandelt werden. Doch bislang muß das Präparat umständlich aus den Hirnanhangdrüsen von Leichen gewonnen werden. Die Menge des so gewonnenen Hormons reicht gerade, die stark abnormen Fälle zu behandeln. Stünde das Präparat billig in größerer Menge zur Verfügung, könnte auch den Kindern geholfen werden, die nicht gerade extrem zwergwüchsig, aber eben doch etwas zu kurz geraten sind.

Gentechnik würde die Marktsituation hier auf jeden Fall insofern verbessern, als auf Dauer sichergestellt wäre, daß ein wichtiges Medikament auch bei steigender Nachfrage nicht knapp werden kann. Ähnlich verhält es sich beim Insulin. Zwar konnte die Nachfrage nach dem Blutzucker-Regler bislang aus den Bauchspeicheldrüsen geschlachteter Rinder und Schweine gedeckt werden. Doch Prognosen befürchten, daß die Zuckerkrankheit sich vor allem in den hochindustrialisierten Ländern rapide ausbreiten wird und daß zugleich durch den seit Jahren sinkenden Fleischverbrauch die Zahl der Schlachtungen und damit auch die der für die Insulingewinnung erforderlichen tierischen Bauchspeicheldrüsen abnehmen wird. Schon in den neunziger Jahren könnte deshalb tierisches Insulin knapp werden. Freilich: Die Autoren dieser Prognosen stehen auf der Gehaltsliste von *Eli Lilly*, dem Marktführer beim Bakterieninsulin. Die Marketing-Experten des dänischen Lilly-Konkurrenten *Novo Industri* haben der Knappheits-Vorhersage denn auch vehement widersprochen. Die Ernsthaftigkeit dieses Streits zeigt immerhin, daß an der ökonomischen Bedeutung der Gentechnik Zweifel kaum noch erlaubt sind.

Große Hoffnungen

In unterschiedlichem Grade geklärt ist die fermentative Herstellung einer Reihe anderer Hormone, die aber im Fall des Gelingens weiterreichende medizinische und ökonomische Bedeutung haben würde. Das Interesse der Wissenschaftler richtet sich zum Beispiel auf:

● das *Hirnhormon Somatostatin*, das die Ausschüttung einer Reihe anderer Hormone aus der Hirnanhangdrüse steuert, darüber solche, die ihrerseits von Bedeutung sind für die menschliche Fruchtbarkeit. Theoretisch könnten sich da neue Wege für die Empfängnisverhütung öffnen. Somatostatin war die Substanz, die als erste 1977 durch genetisch manipulierte Bakterien in San Francisco hergestellt wurde. Das Hormon besteht nur aus vierzehn Aminosäuren, ist also relativ einfach aufgebaut. Für die Forscher war es deshalb vergleichsweise problemlos, das Somatostatin-Gen aus 42 Basenpaaren künstlich zu synthetisieren und in ein Plasmid einzubauen, das dann in E. coli-Bakterien eingeschleust wurde;

- das *adrenocorticotrope Hormon ACTH*, das die Entwicklung der Adrenalin-Drüsen und die Ausschüttung einiger anderer Hormone steuert. ACTH könnte für ein Drittel jener Indikationen interessant sein, bei denen heute das heikle Mittel Cortison eingesetzt wird – also zum Beispiel in der Rheuma- oder Allergie-Behandlung;
- das Hormon *MSH/ACTH 4–10*, das die Gedächtnisleistung, die Konzentration und andere psychische Vorgänge beeinflußt;
- die Hormone *Cholecystokinin* und *Bombesin*, die vermutlich das Sättigungssignal vom Magen zum Gehirn übertragen und deshalb als Appetitzügler einsetzbar sein könnten – ein immenser Markt in den Wohlstandsländern;
- das Hormon *Calcitonin*, das gegen Knochenerkrankungen eingesetzt wird und das heute, wie andere Hormone auch, durch chemische Synthese hergestellt wird;
- eine Reihe von Hormonen, sogenannten *endogenen Opiaten*, die höchst wirksame, körpereigene Mittel gegen die Schmerzempfindung sind. Einer dieser Stoffe, das erst kürzlich entdeckte *Dynorphin*, ist der stärkste bisher bekannte Schmerzstiller – über tausendmal stärker als Morphin.

Fermentationsprozesse sind bei der Herstellung von Hormonen nicht nur dann nützlich, wenn genetisch aufgepeppte Mikroben das perfekte Endprodukt liefern. Pilze und Bakterien können mitunter auch nur einzelne Produktionsschritte übernehmen und so dazu beitragen, daß die Herstellungsverfahren einfacher und billiger werden. So ist es zum Beispiel beim Cortison gewesen.

Als in den vierziger Jahren entdeckt wurde, daß das Nebennierenhormon Rheumapatienten von ihren Schmerzen befreien kann, setzte eine solche Nachfrage nach *Cortison* ein, daß der Bedarf nur noch durch die chemische Synthese des Stoffes gedeckt werden konnte. Doch das Verfahren war so aufwendig, daß ein Gramm des Produkts an die 1000,– DM kostete. In den fünfziger Jahren gelang es dann, ein Zwischenprodukt der Cortisonsynthese von einem Stamm des Pilzes *Rhizopus arrhizus* zu gewinnen. Die Synthese, die vorher 37 Schritte erfordert hatte, war dadurch in nur noch elf Schritten möglich. Als Folge davon fiel der Cortison-Preis auf 25,– DM für ein Gramm. Heute kostet das Hormon nur noch 6,– DM pro Gramm, weil inzwischen weitere mikrobiologische Schritte chemische Verfahrensstufen ersetzt haben.

Enzyme werden erschwinglich

Besondere Chancen eröffnen sich der Gentechnik in der Herstellung von therapeutisch relevanten Enzymen. Enzyme nämlich können chemisch nicht wirtschaftlich synthetisiert werden. Sie müssen entweder aus menschlichem Blut, Urin oder Organen extrahiert oder aber von Mikroorganismen ausgeschieden werden. Vom menschlichen Körper hergestellte Enzyme sind bisher äußerst knapp gewesen, ihre medizinischen Einsatzmöglichkeiten allein deshalb noch gar nicht voll ausgekundschaftet. Durch DNA-Methoden könnten solche Enzyme erstmals in ausreichender Menge und dazu noch kostengünstig zur Verfügung gestellt werden.

Die beiden wichtigsten für gentechnische Verfahren in Frage kommenden medizinischen Enzyme sind Blutgerinnungsfaktoren, die zur Bekämpfung der Hämophilie eingesetzt werden, sowie das Enzym *Urokinase*, das Blutklumpen im Kreislauf auflösen kann. Die Gerinnungsfaktoren werden zur Zeit aus menschlichem Blutplasma gewonnen. Auf absehbare Zeit sind Versorgungsprobleme nicht zu erwarten. Gleichwohl hat die Gentechnik hier ihre Chancen: Blutplasma-Produkte bergen immer ein hohes Hepatitis-Risiko. Gerinnungsfaktoren, die von genetisch manipulierten Mikroben hergestellt werden, schlössen solche Gefahren aus, weil sie hochreine Produkte wären.

Urokinase wird heute schon mit fortgeschrittenen biologischen Techniken hergestellt, indem es aus Nierenzellen gewonnen wird. Doch das Verfahren ist genauso teuer wie die Extraktion aus menschlichem Urin: rund 360,– DM pro Milligramm. Bakterien könnten es billiger machen – und schon hat die US-Pharmafirma *Abbott Laboratories* bekanntgegeben, daß es ihr gelungen sei, das Enzym von E. coli-Bakterien erbrüten zu lassen.

Neben den Enzymen sind auch andere medizinisch nutzbare Eiweißstoffe mögliche Kandidaten für die gentechnische Fertigung. Vor allem gilt das für *Serumalbumin*, einen Blutplasma-Eiweißstoff. Seine wichtigste therapeutische Verwendung ist die Beseitigung von Schock-Folgen, allerdings ist die Behandlung, verglichen mit alternativen Methoden, noch zu teuer. Die billige DNA-technische Herstellung von Serumalbumin könnte das ändern.

Antigene und Antikörper

Die Möglichkeit, Mikroben so zu trimmen, daß sie Produkte von großer Reinheit liefern, spielt auch bei zwei weiteren Stoffen eine Rolle, für die die Gentechnik neue Möglichkeiten eröffnet: Antigene und Antikörper. Letztere sind die vom Körper selbst hergestellten Eiweißmoleküle, die das Immunsystem zur Bekämpfung von krankheitserregenden Viren einsetzt. Antigene sind Eiweißstoffe an der Oberfläche von Viren, die das Immunsystem alarmieren und ihm den Hinweis geben, welche spezifischen Antikörper zum Kampf gegen das Virus eingesetzt werden müssen.

Mikroben können durch genetische Manipulation veranlaßt werden, Antigen-Proteine zu liefern. Diese Antigene können dann zur Herstellung von Impfstoffen verwendet werden. Die klassische Immunisierung durch Impfen führt dem Körper bekanntlich abgeschwächte oder abgetötete Viren zu und veranlaßt ihn, als Reaktion darauf prophylaktisch einen Schub an Antikörpern auszuschütten. Statt Viren nur das virale Antigen als Signalstoff zuzuführen, ist das elegantere und auch viel weniger gefährliche Verfahren.

Die Herstellung bestimmter viraler Impfstoffe, zum Beispiel in der Veterinärmedizin gegen Maul- und Klauenseuche, kann nur in strikter Quarantäne geschehen, damit die Viren nicht in die Umwelt gelangen und Epidemien auslösen. Wird statt des Virus nur dessen Antigen verwendet, besteht dieses Risiko nicht.

Mitte der achtziger Jahre wird voraussichtlich ein Maul- und Klauenseuche-Impfstoff marktreif, den die Gentechnik-Firma *Genentech* in San Francisco, aber auch *Biogen* in Boston, auf gentechnischem Weg hergestellt hat. Für das Verfahren hat das Recombinant DNA Advisory Committee die erste Ausnahmegenehmigung für die Klonierung von pathogenem Erbmaterial erteilt, die eigentlich aufgrund der in den USA erlassenen Sicherheitsvorschriften für die DNA-Neukombinierung verboten ist (vergleiche Kapitel 6). *Genentech* hat für die Entwicklung des Serums aber nur 17 Gene von den insgesamt zwanzig Genen des Virus verwendet – genug, um die Resistenz dagegen auszulösen, aber zu wenig, um einen neuen gefährlichen Organismus entstehen zu lassen. Zu den menschlichen Krankheiten, die voraussichtlich durch Antigen-Impfstoffe bekämpft werden können, gehören Malaria, Grippe und Hepatitis.

Besonders skrupulöser Kontrolle durch die öffentlichen Aufsichtsbehörden müßte wohl auch unterliegen, was die Genchirurgen im Bereich der Impfstoffe für Menschen zunächst noch theoretisch erwägen. Gegen Viruskrankheiten haben sich generell Impfseren auf der Grundlage noch lebender Viren wirksamer gezeigt als Impfstoffe mit abgetöteten Erregern. Der vermutliche Grund: Lebende Viren im Impfstoff produzieren über einen längeren Zeitraum Antigene, die ihrerseits dann dauerhafter die Ausschüttung von Antikörpern auslösen. Würde man nun Bakterien erblich auf die Herstellung von Antigenen programmieren, könnte man theoretisch diese Bakterien in den menschlichen Organismus geben. Die Bakterien würden dauerhaft für die Antikörperproduktion im menschlichen Körper sorgen und den so Behandelten zeitlebens gegen die betreffende Krankheit immunisieren.

Reinrassige Spürhunde: Monoclonals

Doch während dies nun wirklich Zukunftsmusik ist, hat die Gentechnik im Umgang mit Antikörpern ihr erstes großes Wunder schon vollbracht. Traditionell war es nie möglich, Antikörper eines einzelnen Typs zu isolieren. Das menschliche Immunsystem reagiert auf das Eindringen eines Virus, indem eine Vielfalt verschiedener Antikörper ausgeschüttet wird. Damit wird sichergestellt, daß auf jeden Fall der richtige Antikörper zur Bekämpfung des Virus aktiviert wird.

Für die Mediziner war es aber immer ein Traum, isolierte, hochreine Antikörper einzeln zu bekommen. Auf diese Weise würden nämlich nicht nur gezielte Therapien möglich. Da Antikörper auf bestimmte Antigene reagieren, könnte man sie auch zu absolut sicheren Diagnosen nutzen: Reagiert ein Antikörper mit bekannter Eigenschaft auf ein Virus im Körper, weiß der Mediziner im Rückschluß, um welches Virus es sich handelt. Solange nur Mischungen von Antikörpern zur Verfügung stehen, sind nur Diagnosen möglich, die mehrere Viren zugleich ins Kalkül ziehen.

Den Traum der Mediziner haben *Cesar Milstein* und *Georges*

Köhler Ende der siebziger Jahre in den Labors des *Medical Research Council* im englischen Cambridge wahrgemacht, indem sie monoklonale Antikörper fabrizierten. Milstein und Köhler infizierten zunächst eine Maus mit einem Antigen und veranlaßten sie so, Lymphzellen zu produzieren, deren jede wiederum einen spezifischen Antikörper hervorbringt. Die Lymphzellen an sich lassen sich isolieren. Ihr Nachteil ist, daß sie nicht in Kultur am Leben gehalten werden können und sich nicht vermehren lassen. Milstein und Köhler verschmolzen deshalb einzelne Lymphzellen mit Krebszellen vom Typ *Myelom.* Auf die Weise gewannen sie neue Zellen, sogenannte *Hybridomas*, die die Eigenschaften ihrer Elternzellen in sich vereinigten: Von den Myelom-Zellen die Neigung, sich schnell wuchernd zu vermehren; von den Lymphzellen die Fähigkeit, je einen Antikörpertyp zu produzieren. So erhielten die Forscher am Ende einzelne, schnell wachsende Kulturen, deren jede in großer Menge einen Antikörper-Typ hervorbrachte.

Binnen der drei Jahre, die auf Milsteins und Köhlers Entdekkung folgten, sind Hunderte von neuen diagnostischen Verfahren und Untersuchungsmethoden, von Reinigungsverfahren und Therapien veröffentlicht worden, die alle auf der Anwendung monoklonaler Antikörper basierten. Optimistische Schätzungen gehen davon aus, daß die Produktion von *Monoclonals* im Jahr 1985 weltweit ein Eineinhalb-Milliarden-DM-Geschäft sein wird – und das nur sechs Jahre, nachdem das Produkt entdeckt worden ist.

Am schnellsten wurden die neuen Wundermittel zu Diagnosezwecken eingesetzt. Mit ihrer Hilfe werden Hormonspiegel ermittelt, um zum Beispiel die Funktion der endokrinen Drüsen zu kontrollieren oder um die krebsbedingte Überproduktion eines Hormons zu diagnostizieren. Monoklonale Antikörper spüren bestimmte Eiweißstoffe auf, deren Auftreten mit Krebs korreliert. Durch sie können Drogen im Blut nachgewiesen werden, und durch sie kann kontrolliert werden, daß die Menge eines Medikaments im Gewebe oder im Blut die therapeutisch

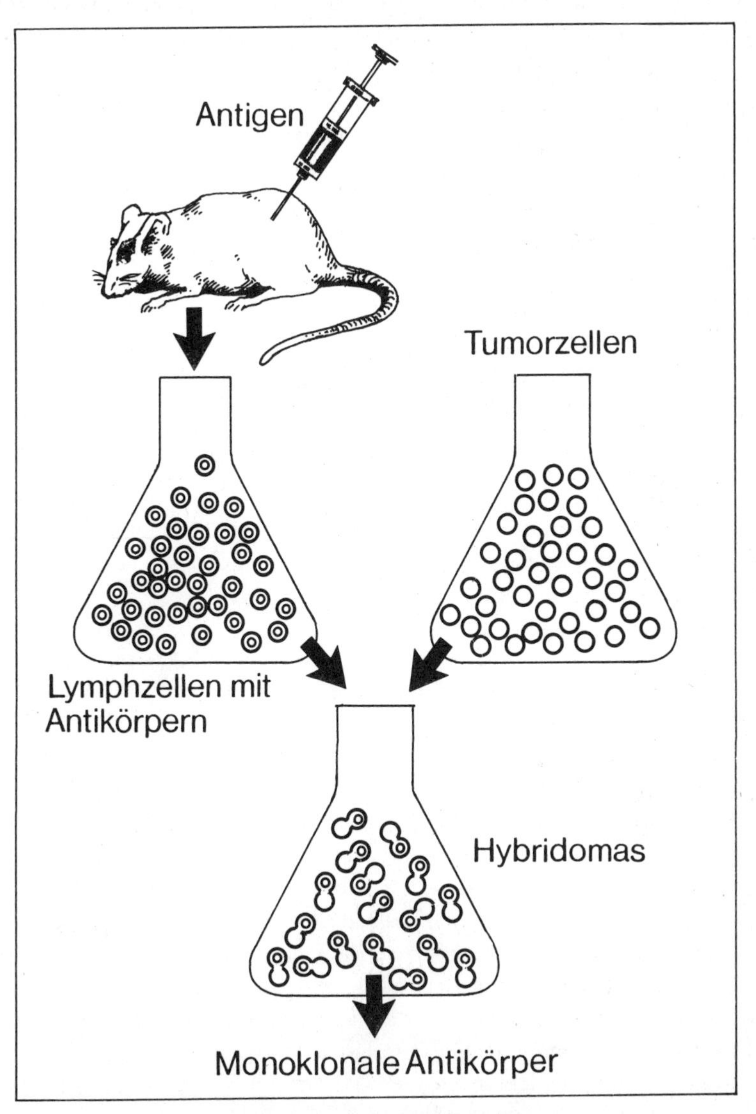

Lymphzellen mit Antikörpern und Tumorzellen werden miteinander verschmolzen. Die so geschaffenen Hybridzellen liefern reine Antikörper eines bestimmten Typs in reicher Ausbeute.

notwendige Menge nicht überschreitet. Mit monoklonalen Antikörpern kann festgestellt werden, ob der Empfänger bei einer Organverpflanzung das ihm zugedachte Organ abstoßen wird oder nicht. Und schließlich eröffnen monoklonale Antikörper auch neue Möglichkeiten der Empfängnisverhütung: zum Beispiel, indem spezifische Antikörper eingesetzt werden, die das für die Bewegung zuständige Protein des männlichen Samenfadens zerstören.

Das Büro für Technologiebewertung beim Kongreß der Vereinigten Staaten läßt keinen Zweifel daran, daß die voraussichtlichen Auswirkungen der Gentechnik für die Medizin überwältigend sein werden. Wenn auch nur eines der erhofften Seren gegen Viruserkrankungen tatsächlich produziert wird, würde die dadurch ausgelöste Verminderung der Sterblichkeit oder der Krankheitsanfälligkeit merkliche soziale, ökonomische und politische Konsequenzen haben – vor allem in den Entwicklungsländern, in denen die meisten der fraglichen Krankheiten hochvirulent sind.

Eine freundliche Chemie

Ehe die chemische Industrie Kohle und vordem noch billiges Öl als ihre Hauptrohstoffe entdeckte, wurden die meisten Chemikalien wie Klebstoffe, Gerbmittel oder Farben aus pflanzlichen oder tierischen Quellen – kurz aus *Biomasse* – gewonnen. Seit die Rohölpreise himmelhoch gestiegen sind, wird Biomasse als Rohstoff für die Chemie wieder interessant. Bei der Umwandlung von Biomasse zu chemischen Produkten spielen Mikroorganismen und Fermentationsprozesse die entscheidende Rolle. Die gentechnische Verbesserung dieser Prozesse wird neben der veränderten Kostenrelation zwischen Erdöl und Biomasse zum zweiten treibenden Moment beim come back der Biologie in der Chemieindustrie.

Rund ein Drittel aller chemischen Produkte sind organische

Chemikalien und damit mögliches Ziel der neuen Technologie. Zu den biologisch herstellbaren Erzeugnissen gehören Zitronensäure, Milchsäure, Aminosäuren sowie n-Butanol und Ethanol. Für die Chemie interessant sind durch Fermentation gewonnene Enzyme. Mikroorganismen können eingesetzt werden bei der Herstellung von Pflanzenschutzmitteln und Farben, Vitaminen und Aromastoffen, Lösungsmitteln, Schmiermitteln und Weichmachern, bei der Produktion von Kosmetika und Verdauungshilfen, von Bremsflüssigkeiten und Gefrierschutzmitteln. Biotechniken können auch die Herstellungsverfahren für Klebstoffe und Säuren verändern, für Fleischzartmacher und Treibstoffe, für Kunststoffe, Sprengstoffe und Treibmittel.

Entscheidend für die Frage, ob ein Chemieprodukt durch chemische Synthese oder durch Bioprozesse erzeugt wird, ist in der Regel der Preis der dabei eingesetzten Rohstoffe. In der Chemieindustrie sind Energie- und Rohmaterialkosten die wichtigsten Posten auf der Ausgabenseite. Zwischen fünfzig und achtzig Prozent der Produktkosten können auf die eingesetzten Rohstoffe entfallen.

Als Rohstoff für die mikrobielle Gärung fällt in erster Linie das Wachstumsmedium für die Mikroorganismen ins Gewicht. Häufig ist das Stärke oder Melasse. Bislang waren chemische Syntheseprozesse auf der Grundlage von Erdölderivaten in der Regel noch kostengünstiger als die fermentative Umwandlung von Biomasse. Nur wenige chemische Verbindungen werden deshalb gegenwärtig mit biologischen Verfahren gewonnen: Enzyme, Ethanol, n-Butanol, Aceton, Essig-, Milch- und Zitronensäure sowie Aminosäuren. Doch die Experten sind zuversichtlich, daß die Mikroben in der Chemieindustrie auf dem Vormarsch bleiben.

Mit Sicherheit trifft das auf die Herstellung von Enzymen zu, ein Geschäft mit ansehnlichen Wachstumsraten. Mit den vier bislang großtechnisch produzierten Enzymtypen und Enzymen – Proteasen, Glucamylase, Alpha-Amylase und Glucoseisomerase – werden jährlich weltweit bereits 800 Millionen DM umgesetzt. Alpha-Amylase und Glucoseisomerase sind zum Beispiel bei der Umwandlung von Stärke in Fructose-Sirup dabei. Der Sirup hat in den letzten Jahren Rohrzucker als Süßstoff für soft drinks weitgehend abgelöst – in den Limonadeflaschen hat die heimliche biotechnische Revolution schon stattgefunden.

Der Gentechnik bieten sich auf dem wachsenden Markt der Enzyme gute Einsatzmöglichkeiten. Vor allem ist die Industrie an leistungsfähigeren Mikroben interessiert, die entweder größere Ausbeuten oder reinere Produkte liefern.

Teure Nährstoffe

Damit Lösungsmittel wie n-Butanol, Ethanol, Glycerin oder Aceton in größeren Mengen als bisher auf fermentativem Weg hergestellt werden, müssen entweder in großer Menge billigere Nährstoffe für die Mikroorganismen zur Verfügung stehen, oder bessere Verfahren entwickelt werden. Für die Herstellung von n-Butanol zum Beispiel – das Mittel wird zur Produktion von Weichmachern, Bremsflüssigkeiten oder Treibstoffzusätzen gebraucht – wären Bakterienstämme erforderlich, die resistent sind gegen Gifte, die bei der Fermentation dieses Lösungsmittels entstehen. Durch Genmanipulation könnten solche Bakterien eines Tages geschaffen werden.

Der mikrobiellen Erzeugung von Ethanol im großen Maßstab stehen zur Zeit vor allem die noch zu hohen Nährstoffkosten im Weg. Ethanol ist ein Zwischenprodukt für etliche andere Chemikalien. Außerdem wird es als Lösungs- oder Gefrierschutzmittel eingesetzt. Der jährliche Produktionswert von Ethanol kommt in der Bundesrepublik nahe an 200 Millionen DM. Nährmedium für die fermentative Gewinnung von Ethanol ist Rohrzucker oder Stärke, die in Zucker umgewandelt wird. In Relation zu Ethylen, dem aus Erdöl gewonnenen Ausgangsstoff bei der chemischen Synthese von Ethanol, ist Zucker noch zu teuer. Würden große Mengen an pflanzlichen Rohstoffen etwa in tropischen Ländern für die biologische Ethanol-Herstellung angebaut, so könnten diese Anbauflächen für die dort ebenfalls wichtige Nahrungsmittelerzeugung verlorengehen. Brasilien – dort soll Benzin langfristig durch fermentativ gewonnenen Alkohol ersetzt werden – steht bereits vor diesem Problem. Ein möglicher Einsatzstoff für die biologische Ethanol-Herstellung wäre auch Holz. Allerdings müßte die Zellulose erst umständlich und teuer zu Glucose umgewandelt werden – das Verfahren ist ökonomisch noch nicht konkurrenzfähig.

Gute Chancen bieten sich der Gentechnik bei der fermentativen Produktion von organischen Säuren. Essigsäure zum Beispiel wird zur Herstellung von Gummi, Kunststoffen, Medikamenten, Farben, Insektenvernichtern oder Photochemikalien verwendet und hat in der Bundesrepublik Deutschland einen Markt von weit über 300 Millionen DM jährlich. Allerdings ist auch hier die biologische Herstellung gegenüber der chemischen Synthese noch nicht konkurrenzfähig. Doch die Mikrobiologen sind eifrig auf der Suche nach Organismen, die kostengünstigere Fermentationsprozesse ermöglichen.

Für die Herstellung von Zitronensäure – Weltmarktvolumen 700 Millionen DM – steht dagegen mit Aspergillus niger schon ein leistungsfähiger Fermentationsorganismus zur Verfügung. Ziel der Biologen ist hier, den Ausgangsstoff Melasse durch Zellulose zu ersetzen. Durch die genetische Manipulation von Aspergillus niger sollte das möglich sein. Das wichtigste Säuerungsmittel für Lebensmittel könnte dann durch Gärung noch billiger hergestellt werden.

Ein anderes Problem stellt sich bei der fermentativen Produktion von Milchsäure. Das Mittel wird verwendet in der Kunststofferzeugung, bei der Elektroplattierung und -polierung von Metallen sowie zum Ansäuern von Lebensmitteln. Zwar ist die Vergärung von Glucose durch den Lactobacillus delbrueckii in Milchsäure problemlos möglich, Schwierigkeiten bereitet aber die Extraktion der Säure aus dem Kulturmedium. Immerhin: Während in den Vereinigten Staaten Milchsäure noch fast ausschließlich durch chemische Synthese fabriziert wird, produzieren die Europäer schon die Hälfte dieses Mittels auf biologischem Wege. Der Produktionswert von Milchsäure kommt in Europa und den USA auf rund 150 Millionen DM.

Eine Domäne der Biotechnik wird auf absehbare Zeit die Herstellung von *Aminosäuren* werden. Sämtliche dieser Eiweißbausteine werden in der Forschung, in der Nahrungsmittelherstellung und in der Pharmaproduktion verwendet. Die ökonomisch wichtigsten drei Aminosäuren sind Glutaminsäure, deren Natriumsalz Glutamat als Geschmacksverbesserer eingesetzt wird, sowie Lysin und Methionin, die als Zusatzstoffe dem Viehfutter beigegeben werden. Glutamat wird ausschließlich durch Gärung gewonnen. Methionin wird noch vollständig chemisch synthetisiert. Die Produktion von Lysin ist im Laufe der Zeit von der Chemiesynthese mehr und mehr auf die Fermentation umgestellt worden, weil dabei sowohl die Rohstoffe als auch die Anlageinvestitionen und Arbeitskosten sich als billiger erwiesen haben.

Biologische Kunststoffe?

Optimisten unter den Mikrobiologen haben gelegentlich die Ansicht verfochten, daß moderne Biotechniken auch so bedeutsame chemische Produktsparten wie die Herstellung von Kunststoffen und Pflanzenschutzmitteln revolutionieren könnten. Im großen und ganzen müssen diese Hoffnungen wohl als übertrieben gelten. Zumindest im nächsten Jahrzehnt werden Bioverfahren für die Plastikproduktion und die Düngerherstellung keine Rolle spielen. Dennoch bieten sich auch in diesem Bereich zwei bescheidenere, aber interessante Perspektiven. Die eine ist die Herstellung von *Bio-Polymeren*, die andere die Produktion *mikrobieller Insektenkiller*.

Mikroorganismen sind in der Lage, das Polymer Polyhydroxybutyrat (PHB) zu produzieren, einen Bio-Kunststoff mit Eigenschaften ähnlich denen des Plastikbeutelmaterials Polypropylen. Gegenwärtig kann PHB von den Kosten her nicht mit Massenkunststoffen konkurrieren, die aus Ölprodukten erzeugt werden. Allerdings hat PHB einen großen Vorteil: der Stoff ist biologisch abbaubar. Für einige wenige Zwecke, bei denen Kosten keine Rolle spielen, wäre der Mikrobenkunststoff also durchaus interessant – zum Beispiel zur Herstellung von chirurgischem Nahtmaterial oder Nägeln, die sich nach einiger Zeit schadlos im Körper auflösen. Getestet wird auch die Möglichkeit, PHB-Gewebe für Hygienebinden zu verwenden, die dann problemlos in die Toilette geworfen werden können, weil sie in der Kanalisation biologisch abgebaut werden.

Vielversprechend ist die Biotechnik auch bei der Entwicklung biologischer *Insektizide.* Von ungefähr hundert Bakterienarten ist bekannt, daß sie Gifte ausscheiden, die für Insekten tödlich sind. Schon sind drei Bakterienstämme zu kommerziellen Insektenbekämpfern gemacht worden: Bacillus popilliae, Bacillus thuringiensis und Bacillus moritai. Ungefähr fünf Prozent des Marktes für Insektenvernichtungsmittel entfallen bereits auf mikrobielle Mittel. Durch Gentechnik kann zum Beispiel die Zahl der Gene, die für die Giftherstellung im Bakterium kodieren, vergrößert werden. Auch könnten genetisch verschiedene Gifte in eine Mikrobe »hineingemischt« werden. Der Bedarf an biologischen Insektenkillern, so vermuten die Marketingexperten, wird im gleichen Maße wachsen wie die öffentliche Kritik am massiven Einsatz chemischer Schädlingsbekämpfung. Die Biomittel gelten als weniger problematisch.

Überhaupt bieten *Fermentationsprozesse* die Chance, auf lange Sicht eine sanftere Chemie zu entwickeln, eine Chemie, die weniger hart in die Lebens- und Umweltprozesse eingreift:

- Bioverfahren greifen auf nachwachsende Rohstoffe zurück, sie schonen die endlichen Primärenergievorräte der Erde. Pflanzen nutzen die Energie des Sonnenlichts, um Kohlendioxyd aus der Atmosphäre in Kohlenwasserstoffe umzuwandeln. Nur einen Teil davon verbrauchen sie selbst, der Rest wird in Stärke, Zellulose oder anderen Formen von Biomasse gespeichert. Mikroorganismen können diese Biomasse zu nützlichen Produkten umwandeln.

- Bioprozesse laufen unter weniger extremen Bedingungen ab als die derzeit gebräuchlichen Chemieverfahren. Chemische Reaktionen können nämlich im wesentlichen durch zwei Methoden in Schwung gebracht werden: durch hohe Temperaturen und hohen Druck oder durch Katalysatoren. Hitze und Druck bringen Risiken und fressen Energie, sie sind lebensfeindlich. Biologische Katalysatoren wie Enzyme sind dagegen unter normalen Temperaturen, Drücken oder Säuregraden wirksam, kurz, sie sind lebensfreundlich.
- Bioverfahren sind oft Ein-Schritt-Prozesse, in chemischen Synthesen dagegen müssen aufeinanderfolgende Reaktionen separat ablaufen. Die Zwischenprodukte jeder Stufe müssen häufig erst umständlich gereinigt werden – ein zeitraubendes und teures Vorgehen. Wird zum Beispiel aus Ethylen über zehn Produktionsstufen ein neuer Stoff synthetisiert und bringt jede Stufe eine Ausbeute von neunzig Prozent – was viel ist –, so ist am Ende nur ein Drittel des eingesetzten Ethylens umgewandelt worden. Viele chemische Zwischenprodukte und Reaktionen sind zudem giftig und werfen ernste Entsorgungsprobleme auf. Mikroorganismen dagegen erledigen meist komplette Produktionsverfahren problemlos in einem Gang.
- Biologische Prozesse sind umweltfreundlich. Chemische Synthesen, die etwa Metallkatalysatoren einsetzen, wandeln den Ausgangsstoff oft nur unvollständig um und liefern nicht selten unerwünschte Neben- und Zwischenprodukte. Nicht immer können Rohstoffreste und Nebenprodukte sinnvoll anderweitig weiterverwendet werden. Eine Reihe dieser Produkte ist in der natürlichen Umwelt kaum abbaubar – ernste Entsorgungsprobleme sind die Folge.

Mikroorganismen – genetisch maßgeschneiderte zumal – liefern viel eher exakt das gewünschte Produkt. Ihre Enzyme zeichnen sich durch hundertprozentige Konversionswirksamkeit aus. Abfallprodukte sind daher viel seltener. Wenn dann aber bei Bioprozessen Abfälle entstehen, sind diese häufig biologisch abbaubar oder sogar noch als Nährstoffquellen nutzbar.

Zurück zur Natur

Am Ende könnte die Biotechnik zwei bitter verfeindete Lager versöhnen: grüne Umweltschützer und Chemieindustrie. Die Umwandlung von Biomasse in Gas ist eine von den Alternativen hoch geschätzte weiche Technik. Die Chemieindustrie könnte ihr zum breiten Einsatz verhelfen. Schon hat Hoechst-Chef *Rolf Sammet* eingesehen: »Dem Slogan ›Zurück zur Natur‹ kann sich auch die chemische Industrie nicht verschließen.« Der amerikanische Molekularbiologe *Leslie Glick*, Gründer der Gen-Firma *Genex*, schätzt deshalb, daß auf absehbare Zeit ein Viertel der gesamten Chemieproduktion durch Biotechnik verändert wird.

Das Büro für Technologie-Bewertung beim amerikanischen Kongreß hat für den US-Markt versucht, diese Schätzungen zu präzisieren. Unter der Annahme, daß Anfang der achtziger Jahre auf dem Markt für organische Chemikalien 42 Milliarden Dollar umgesetzt wurden, könnten bis 1990 organische Massenchemikalien für 522 Millionen Dollar von genetisch veränderten Mikrobenstämmen produziert werden. Bis zum Jahr 2000 käme der Wert dieser Produkte dann an 7,1 Milliarden Dollar. Wenn die Produktion von Methan unberücksichtigt bleibt, käme der gesamte Markt für gentechnische Produkte dann auf 14,6 Milliarden Dollar. Unter der Annahme, daß zwischen zwei und fünf Beschäftigte für eine Million Dollar Produktionswert erforderlich sind, würde die gentechnische Produktion dann zwischen 30 000 und 75 000 Leute in den Vereinigten Staaten beschäftigen. Wie spekulativ solche Schätzungen aber sind, zeigt eine andere

Zahl, die *Genex* errechnet hat. Danach wird die Gentechnik bis zum Jahre 2000 allein zwischen 52000 und 130000 zusätzliche Jobs in der Industrie schaffen. Die Stellen, die in der klassischen Chemie durch Jobs in der neuen Biotechnik ersetzt werden, sind dabei nicht einmal mitgezählt.

Mikroben in der Küche

Die ältesten Anwendungen von Fermentationsprozessen finden sich in der Herstellung von Nahrungsmitteln. Seit Jahrhunderten sind Mikroorganismen und Enzyme bei der Zubereitung von Speisen und Getränken aktiv – ohne daß ihre Benutzer überhaupt eine Vorstellung davon hatten, wer oder was ihnen da von Nutzen war. Bakterien fermentieren Milch zu Joghurt und Käse. Hefe wirkt bei der alkoholischen Gärung und beim Backen. Vielfältige Enzyme, auch sie von Mikroben hergestellt, werden bei der Nahrungsproduktion verwendet.

In den letzten Jahrzehnten sind die für die Nahrungsmittelindustrie interessanten Mikroorganismen mit klassischen genetischen Methoden systematisch verbessert worden. Gentechniken wie Zellfusion oder DNA-Neukombinierung eröffnen jetzt neue Möglichkeiten. Zum Beispiel gilt das für die Hefen. Für die Brauwirtschaft ist vor kurzem erst ein neuer Hefestamm entwikkelt worden, der die Herstellung von kalorienarmem Bier verbessert. Für die Bäcker sucht man zur Zeit Hefen zu entwickeln, die den Teig schneller aufgehen lassen. Und für die Weingärung sind Hefestämme gefunden worden, die Moste mit besonders hohem Zuckergehalt restlos vergären können und die eine höhere Alkoholverträglichkeit haben. Ein anderer Stamm zeigt wiederum ein günstigeres Sedimentierungs-Verhalten, so daß die Trennung von Hefe und Wein erleichtert wird.

Bei der Hefezüchtung hofft man vor allem darauf, durch Zellfusion Stämme miteinander vereinigen zu können, die auf natürliche Weise nicht zu kreuzen sind. Zur Zeit freilich läßt der große gentechnische Schub bei der Hefeherstellung noch auf sich warten. Die Gründe: Die Nahrungsmittelhersteller sind ziemlich konservativ, sie haben zudem Hefestämme, mit deren Effizienz sie zufrieden sind; die genetischen Eigenschaften von Hefen sind noch ziemlich wenig durchleuchtet; schließlich scheinen die genetischen Charakteristika der in Frage kommenden Mikroben komplex zu sein.

Ähnliches gilt für die Mikroorganismen, die *Polysaccharide* herstellen könnten – Stoffe, die zunehmend und äußerst vielfältig in der Nahrungsmittelindustrie verwendet werden, um die physikalischen Eigenschaften von Speisen zu verändern. Polysaccharide werden als Dickungs- und Gelierungsmittel verwendet, oder aber auch als Mittel, um die Bildung von Eiskristallen bei Tiefkühlkost zu unterdrücken. Sie stecken in Schnellmenüs und Salattunken, in Saucen, Käsecremes und etlichen Molkereiprodukten. Ständig werden neue Einsatzmöglichkeiten gefunden – nicht gerade unter dem Applaus von Gourmets und Naturkostfreunden.

Die meisten Polysaccharide werden heute noch aus pflanzlichen Quellen gewonnen. Das einzige kommerziell hergestellte mikrobielle Polysaccharid ist zur Zeit Xanthan, das von Xanthomonas campestris erbrütet wird – ein Mittel, das die Viskosität von Flüssigkeiten verändert und das ebenso in der Nahrungsmittelindustrie wie in der Erdölförderung verwendet werden kann.

Einer der am stärksten wachsenden Märkte, auf den die Gentechnik Einfluß haben wird, ist die *Enzymherstellung.* Insgesamt sind bisher weit über tausend Enzyme bekannt. Doch nur fünfzig davon haben industrielle Bedeutung. Die meisten werden für die Herstellung von Waschmitteln sowie in der Ernährungswirtschaft eingesetzt, hier vor allem bei der Behandlung von Stärke.

Welche Wirkung die Gentechnik auf diesem Markt haben kann, hat kürzlich die amerikanische Genfirma *Collaborative Research* gezeigt. Sie hat Bakterien dazu gebracht, das Enzym *Rennin* zu liefern, das Milch gerinnen läßt und für die Käseherstellung benötigt wird. In der Natur kommt Rennin nur im vierten Magen noch säugender Kälber vor und wird extrahiert, wenn diese Kälber geschlachtet werden.

Daß die Erfindung ökonomisch interessant ist, zeigt die Tatsache, daß sich der Chemiekonzern *DOW Chemical* das Verfahren gesichert hat. Der Biotechnik-Direktor von DOW Chemical *John Donalds*: »Mit dem bakteriellen Rennin werden wir relativ schnell ein Viertel des Marktes erobern.« Die Vermarktung von Rennin, und damit erstmals die eines mit DNA-Technik gewonnenen Enzyms, ist für 1985 vorgesehen.

Supersüße Sachen

Die weitestreichenden Folgen hat die Biotechnik bereits in der Süßstoffindustrie gehabt. Durch Einsatz der Enzyme Glucoseisomerase, Invertase und Amylase sind *künstliche Süßstoffe* geschaffen worden, die den Zucker weitgehend verdrängt haben. Coca Cola zum Beispiel gab 1980 bekannt, daß die Hälfte der von der Firma verwendeten Süßmittel solche Fructosezucker seien.

Die Biotechnik wird gewiß durch mikrobielle Herstellung noch andere Süßstoffe entwickeln – zum Beispiel solche mit extrem niedrigem Kaloriengehalt. Stoffe mit den schönen Bezeichnungen Aspartam, Monellin und Thaumatin werden gegenwärtig getestet. Aspartam wird bisher chemisch aus zwei Aminosäuren synthetisiert. Die Forscher suchen nun nach Möglichkeiten, die beiden Aminosäuren von Mikroben miteinander verbinden zu lassen.

Monellin und Thaumatin sind natürliche Substanzen, die aus westafrikanischen Gewächsen gewonnen werden. Beide sind von unvorstellbarer Süße – hunderttausendmal süßer als normaler Kristallzucker, und ihr Geschmack kann auf der Zunge stundenlang anhalten. Die Aussichten, daß in Mikroben künstliche Gene eingeschleust werden, die für die Produktion von Thaumatin kodieren, sind nicht schlecht. Auf die Weise würde nicht nur der Supersüßstoff in ausreichender Menge zur Verfügung stehen. Die Forscher bekämen damit auch neue Moleküle in die Hand, um die Physiologie der Geschmacksempfindung näher zu ergründen.

Welche kommerziellen Möglichkeiten die Gentechnik in der Enzymherstellung auftun könnte, läßt sich am Beispiel des Enzyms *Pullulanase* zeigen. Das Enzym degradiert das Polysaccharid Pullulan zu Maltose, die Marmeladen und Konfitüren zu mehr Farbbrillianz verhilft, oder die etwa Eiskrem schön cremig macht, weil sie die Zuckerkristallisation unterdrückt. Pullulanase kann ferner das Kohlehydrat Amylopectin zu Hoch-Amylose-Stärke verwandeln. *Amylose-Stärke* dickt Gummi-Drops und Soßen, reduziert den Fettanteil in gebratenen Lebensmitteln und stabilisiert Eiweißstoffe, Nährstoffe, Farben und Geschmack in Fleischersatzstoffen.

Gelänge es, Pullulanase gentechnisch herzustellen und damit ausreichend verfügbar zu halten, täte sich ein weites Anwendungsfeld auf. Das Problem ist allerdings, daß Hauptproduzent von Pullulanase ein pathogenes Bakterium, Klebsiella aerogenes, ist. Keine Kontrollbehörde der Welt würde aber Nahrungszusätze zulassen, deren Ursprung auf ein krankheitserregendes Bakterium zurückgingen. Die Lösung des Problems wäre die Übertragung des Pullulanase-Gens von Klebsiella aerogenes in einen produktiven, harmlosen Mikroorganismus.

Eiweiß aus Öl

Daß behördliche und politische Widerstände wenigstens ebenso große Schwierigkeiten bereiten können wie wissenschaftliche oder technische Probleme, das hat die Bioindustrie schon eindrucksvoll demonstriert bekommen – an jenem neuen mikrobiellen Produkt, in das die Unternehmen bislang vermutlich am meisten investiert haben: Einzellerprotein. Betroffen von jener unangenehmen Erfahrung war der britische Ölkonzern BP.

Schon 1971 hatte BP zusammen mit dem staatlichen italienischen Petrochemie-Unternehmen ANIC die Joint-venture-Firma Italproteine gegründet. In einer Fabrik auf Sardinien sollte das Gemeinschaftsunternehmen Einzellerprotein herstellen, indem Hefe das Ölabfallprodukt Paraffin fermentierte. Das so gewonnene Protein – der Handelsname *Toprina* stand schon fest – sollte als Viehfutterzusatz in Italien und Frankreich vermarktet werden. Obwohl etliche italienische Behörden und Kontrollinstanzen in allen EG-Staaten das Produkt als bedenkenlos klassifiziert hatten, fanden italienische Wissenschaftler zuletzt verschwindende Reste von n-Paraffin in Toprina.

Nach den Richtwerten der Weltgesundheitsorganisation lagen die Werte weit unter der Toxizitätsschwelle. Dennoch verzögerten die italienischen Behörden die Zulassung des Produkts endlos, um sich in der Öffentlichkeit den Ruf guter Verbraucherschützer und leistungsfähiger Wissenschaftler zu verschaffen, wie verbitterte BP-Sprecher später meinten. Der britische Ölkonzern jedenfalls ließ das Projekt am Ende fallen. Investitionen von weit über hundert Millionen DM mußten abgeschrieben werden.

Dennoch ist die Vermutung nicht ganz abwegig, daß BP dieses Lehrgeld mit einem weinenden und einem lachenden Auge gezahlt hat. Inzwischen sind nämlich erhebliche Zweifel aufgekommen, ob die fermentative Herstellung von Einzellerprotein aus Erdölderivaten ökonomisch lohnend ist. Die Ausgangsidee war, die Landwirtschaft in der Versorgung mit eiweißhaltigen Futtermittelzusätzen unabhängig zu machen von Sojabohnen, bei denen Erntemengen und Marktpreise traditionell immer stark geschwankt hatten. Der britische Chemiekonzern *Imperial Chemical Industries* hatte deshalb schon Ende der sechziger Jahre sein Projekt zur Herstellung von *»Pruteen«* gestartet. Bakterien des Stammes Methylophilus methylotropus sollten in einer Nährmischung aus Methanol, Ammoniak und Luft so rapide wachsen, daß sie eine billige, nie versiegende Proteinquelle würden.

ICI hat das Projekt zur technischen Reife gebracht. Doch statt den europäischen Markt nun mit relativ billigem Einzellereiweiß zu versorgen, unterhält der Chemieriese gerade eine Demonstrationsanlage, die nur ein Fünftel der Kapazität einer kommerziell betriebenen Anlage hat. Der Grund: Seit Ende der sechziger Jahre ist der Preis für Rohöl so stark gestiegen, daß das Raffinerieprodukt Methanol alles andere als ein billiger Rohstoff für Bioreaktoren geworden ist. Zugleich ist Brasilien als neuer, großer Sojalieferant auf dem Weltmarkt erschienen, so daß das Konkurrenzprodukt für Pruteen besser verfügbar und preisstabiler geworden ist. Heute ist das Einzellerprotein von ICI ein hochwertiges, aber teures Futterzusatzmittel, das nur für besonders anspruchsvolle Zwecke verwendet wird.

Die Rückschläge mit Toprina und Pruteen haben freilich der Grundidee, Mikroorganismen aus Kohlenwasserstoffen oder Kohlehydraten Eiweiß herstellen zu lassen, keinen entscheidenden Abbruch getan. Seit 1981 läßt der britische Nahrungsmittelkonzern *Ranks Hovis McDougall* einen eßbaren Mikropilz auf Pflanzenstärke wachsen. Das dabei entstehende Produkt ähnelt in der Struktur sogar tierischem Fleisch. Studenten des Massachusetts Institute of Technology, die wochenlang von solchen Mycoprotein-Menüs ernährt wurden, haben sich körperlich und geistig normal entwickelt – nicht getestet wurde, ob eventuell die global verbreitete Abneigung gegen britische Eßgewohnheiten bei ihnen nachher signifikant stärker ausgeprägt war als beim Bevölkerungsdurchschnitt.

Bakterien als Bergleute

Zu den lange Zeit unverstandenen Biotechniken früherer Jahrhunderte wie Backen, alkoholische Gärung und Käsefermentation gehört auch eine zunächst eher absonderlich erscheinende Fähigkeit von Mikroorganismen: Sie sind nämlich in der Lage, Metalle aus Gestein zu ätzen und zu konzentrieren. Schon im

18. Jahrhundert wurden im spanischen *Rio Tinto* Metallerze durch mikrobielle Laugen ausgebeutet. Heute werden in den USA nach der im Prinzip gleichen Methode Kupferabfälle wiederaufbereitet. Schätzungsweise bis zu fünfzehn Prozent der jährlichen Kupferförderung in den Vereinigten Staaten werden durch solche Laugungsverfahren besorgt, bei denen einfach mikrobenhaltige Wasserlösungen über minderwertige Erze oder Abfälle gesprüht werden. Entweder lösen die Bakterien die Metalle direkt aus dem Gestein oder sie sondern Substanzen ab, die dann ihrerseits das Metall aus dem Erz extrahieren. In den USA ist auf diese Weise in einem Fall ein 250 000 Tonnen großer Berg von Kupferminen-Abraum, der noch 0,4 Prozent Kupfer enthielt, nachträglich ausgebeutet worden.

Ob solche Verfahren nun umweltfreundlich sind oder nicht – darüber streiten die Gelehrten. Einerseits gibt es grundsätzliche Vorbehalte dagegen, Mikrobenlösungen in die Umwelt zu geben. Andererseits zeigt zum Beispiel der Uranbergbau in Kanada, wo die ordinäre Hefe Sacharomyces cerevisiae und das Bakterium Pseudomonas aeruginosa Uran aus großer Tiefe fördern, daß auf diese Weise Bergbau ohne große Landschaftszerstörung möglich ist. Ökonomisch wird die Sache auf jeden Fall für lohnend gehalten. Zwar ist das Laugungsverfahren weitaus zeitaufwendiger als herkömmliche Bergbaumethoden. Aber die Mikroben sind billiger als Bagger und andere mechanische Förderanlagen. Zudem können Vorkommen in tieferen Schichten und mit geringerem Urangehalt noch rentabel abgebaut werden.

Von ökologischem Nutzen ist zweifellos die Fähigkeit von Bakterien, schwefelhaltige Bestandteile wie etwa Pyrit aus Steinkohle zu extrahieren. Schwefelhaltige Kohlen geben bei der Verbrennung große Mengen Schwefeldioxid in die Luft ab – vermutete Ursache des waldvernichtenden sauren Regens. In jüngster Zeit haben Wissenschaftler herausgefunden, daß bestimmte Bakterienmischungen besonders eifrig sind bei der Extraktion von Schwefel aus Kohle. Gelänge es, diese Bakterien gentechnisch zu einem einzigen Organismus zu verschmelzen, stünde ein wirksames Mittel für die Luftverbesserung zur Verfügung.

Freilich ist über die genetischen Strukturen der bakteriellen Eisenfresser noch ziemlich wenig bekannt. Die Biochemie hat da noch ein lohnendes Betätigungsfeld. Eine weitere denkbare Anwendung erblich aufgepeppter Mikroben wäre zum Beispiel die Aufarbeitung von Metallkatalysatoren, die bei etlichen petrochemischen Prozessen eingesetzt werden. Nach längerem Gebrauch sind diese teuren Katalysatoren so stark von Metallen verunreinigt, daß sie ersetzt werden müssen. Mikroben, die sich von den angelagerten Metallen ernähren, könnten als Reinigungskolonnen eingesetzt werden.

Als Umweltschützer können Bakterien auch aktiv werden, indem sie auf metallhaltige Industrieabfälle losgelassen werden. Experimente haben gezeigt, daß Mikroben Metalle wie Cobalt, Nickel, Silber, Gold und Plutonium noch in feinsten Konzentrationen von weniger als einem ppm (Teil pro Million) aufspüren und assimilieren können. Die Hefe Saccharomyces cerevisiae kann Uran bis zu einem Fünftel ihres eigenen Körpergewichts speichern. Solche mikrobiellen Fähigkeiten können nicht nur die Umwelt entlasten, sondern im Wege des Recycling auch einen Beitrag zur Rohstoffversorgung leisten.

Mehr Öl dank Mikroben

Die Stoffwechselprozesse von Mikroorganismen sind auch bei der Ölförderung nützlich. Je knapper die weltweiten Vorräte an Rohöl werden und je höher die Preise für Petroleum klettern, um so lohnender kann die Ausbeutung minderwertiger und schwer zugänglicher Rohölquellen werden. Bei den Methoden der sogenannten tertiären Ölförderung werden verschiedene Chemikalien eingesetzt, die Öl aus Sänden oder porigen Gesteinen lösen und die Viskosität des Rohöls so verändern, daß es an die Oberfläche gebracht werden kann. Eine Reihe dieser chemischen Stoffe kann von Mikroben hergestellt werden. Mehr noch: Unter Umständen kann es die elegantere Lösung sein, Bakterien in ein Ölvorkommen zu pumpen, damit sie an Ort und Stelle das Öl in einen förderbaren Zustand bringen.

Freilich treten dabei Probleme auf, die für die Mikrobiologen nicht leicht zu lösen sind. Die geophysikalischen und geochemischen Bedingungen jedes Ölvorkommens sind ganz eigenartig und oft wenig günstig für das Wachstum der Mikroben: Hohe Temperaturen, wenig Sauerstoff und Wasser, hohe Säurewerte sowie die Anwesenheit von Salzen und Schwefel. Für jedes Ölvorkommen, das mit bakterieller Hilfe ausgebeutet werden soll, müßten also maßgeschneiderte Mikroben eingesetzt werden; oder aber die Genchirurgen konstruieren eines Tages einen mikrobiellen Hans-Dampf-in-allen-Gassen, der unter allen geologischen Bedingungen einsetzbar ist.

Die Hindernisse, die der Anwendung von gentechnischen Methoden für die Ölförderung entgegenstehen, sind indes nicht nur wissenschaftlicher Natur. Die Forschung auf diesem Gebiet liegt weitestgehend in der Hand der Industrie, und die Unternehmen zeigen wenig Interesse, ihre Ergebnisse zu publizieren. Der Austausch und die Akkumulation von Wissen in diesem Feld sind also gebremst. Zudem treten auch Umweltprobleme auf. Der Einsatz von Mikroben bei der Ölförderung würde große Mengen von Frischwasser erfordern, für die es aber gerade in den Ölförderländern sinnvollere Verwendungen zum Beispiel in der Landwirtschaft gibt. Zudem stehen die für diese Zwecke in Frage kommenden Mikroben im Verdacht, krankheitserregend zu sein. Das Bakterium Xanthomonas campestris zum Beispiel, Lieferant des Ölfördermittels Xanthan, ist ein Pflanzenschädling. Andere Organismen wie Sclerotium rolfii und einige Spezies von Aureobasidium können Lungenkrankheiten und Wundinfektionen hervorrufen. Die Gentechniker müßten also Wege finden, die kommerziell nützlichen Fähigkeiten dieser Mikroben von ihren schädlichen Qualitäten zu isolieren.

Mikroben als Müllschlucker

Weitgehend außer Zweifel stehen die nützlichen Fähigkeiten von Mikroorganismen bei der biologischen Aufbereitung von Haushalts- und Industriemüll. In den Klärbecken der Chemieindustrie wirken konventionell gezüchtete Bakterien schon heute wahre Wunder beim Abbau von Giften. Die amerikanische Ölgesellschaft *Sun Oil* ließ 10000 Liter ausgelaufenes und in den Erdboden eingedrungenes Benzin von Bakterien beseitigen. Die Mikroben kamen natürlich im Boden vor, sie hätten unter normalen Bedingungen aber hundert Jahre gebraucht, um das vergossene Benzin abzubauen. Indem dem Boden Stickstoff, Phosphat und Sauerstoff zugeführt wurde, verbesserten sich die Wachstumsbedingungen der Bakterien drastisch. Sie bedankten sich und beseitigten die Benzinverschmutzung binnen einem Jahr.

In den USA züchten und verkaufen wenigstens drei namhafte Firmen Mikroben zur Abfallbeseitigung: *Flow Laboratories, Polybac und Sybron/Biochemicals.* Mit Sicherheit werden diese Firmen bald zu genetischen Methoden greifen, um maßgeschneiderte Mikroorganismen für alle Einsatzzwecke anzubieten. Heute muß meist noch auf spezielle Zusammensetzungen verschiedener Bakterien zurückgegriffen werden, wenn besondere Aufgaben zu lösen sind. So wurde eine Spezialmischung von Bakterien eingesetzt, um 30000 Hektoliter ölverschmutztes Wasser im Rumpf des Ozean-Riesen *Queen Mary* biologisch unschädlich zu machen. Nach sechswöchiger Aktivität der Mikroben konnte das Wasser schadlos in den Hafen von Long Beach gepumpt werden.

Eine neue Möglichkeit, geeignete Bakterien zur Abfallbeseitigung einzusetzen, besteht darin, die Mikroben einfach in die städtischen Abwasserkanäle zu spülen. Zwar tun Bakterien in den Kläranlagen schon ihre Dienste, nicht aber in den unterirdischen Abwasserleitungen, die bisher von Fetten und Ölen aus Lebensmittelabfällen und Kosmetika zugesetzt werden.

Der Nutzen eines solchen Verfahrens ist freilich umstritten. Weil der Markt für Müllmikroben noch klein ist, erschien bislang auch der Einsatz gentechnischer Untersuchungen für diesen Zweck noch nicht lohnend. Ein anderes Hindernis für den Einsatz genetisch manipulierter Bakterien in offenen Abwasserbeseitigungssystemen ist die Gefahr hoher Schadenersatzforderungen, die aus möglichen Mikrobenunfällen resultieren könnten.

Lohnend erscheint dagegen der Forschungsaufwand für die Entwicklung von Mikroorganismen, die hochtoxische Chemikalien abbauen können. Ein Pilz und ein Bakterium, die die gefährlichen Umweltgifte Pentachlorphenol und Hexachlorocyclopentadien beseitigen können, sind bereits isoliert worden. Genchirurgen arbeiten daran, ein Bakterium zu konstruieren, das das Supergift *Dioxin* – berüchtigt seit der Seveso-Katastrophe – unschädlich machen kann. Erste Schritte auf dem Weg dahin sind schon getan.

Eine Berühmtheit unter den Bakterien ist mittlerweile *Pseudomonas aeruginosa.* Der General-Electric-Forscher *Ananda M. Chakrabarty* hat das Bakterium aus zwei Pseudomonas-Stämmen fusioniert, um eine Mikrobe zur Bekämpfung von Ölteppichen auf dem Meer zu erhalten. Am Fall von Chakrabartys Bakterium wurde juristisch die Patentierbarkeit von Bioerfindungen durchgefochten (siehe Kapitel 8). Pseudomonas aeruginosa wird im Labor gezogen, mit Stroh vermischt, getrocknet und gelagert. Das bakteriendurchsetzte Stroh kann bei Bedarf von Schiffen oder Flugzeugen auf Ölteppiche gesprüht werden. Das Stroh saugt das Öl auf, die Bakterien verwandeln es zu Eiweißfutter für die Meerestiere.

Gene tragen Früchte

Daß neue gentechnische Methoden voraussichtlich immense Auswirkungen auf die Landwirtschaft haben werden, geht allein schon daraus hervor, daß die Genetik schon traditionell von höchster Bedeutung für Ackerbau und Viehzucht gewesen ist: Rund die Hälfte der hohen Steigerung der Ernteerträge in diesem Jahrhundert geht schätzungsweise auf die Anwendung genetischer Verfahren zurück.

Je höher entwickelt die Lebewesen sind, die genetischer Manipulation unterzogen werden sollen, desto umfassendere Kenntnisse und Fertigkeiten sind erforderlich. Von daher leuchtet unmittelbar ein, daß über die gentechnische Behandlung von Nutztieren heute allenfalls auf höchst spekulative Weise nachgedacht werden kann. Moderne Züchtungsmethoden wie künstliche Befruchtung, Superovulation oder Embryotransfer sind zum Beispiel bei Rindern heute alltägliches Geschäft. Daß weiterreichende Methoden wie in vitro-Befruchtung, Klonierung, Zellfusion oder gar DNA-Neukombinierung für die Züchtung von Nutztieren einmal eine Rolle spielen werden, zeichnet sich ernsthaft heute noch nicht ab. Auszuschließen ist das freilich nicht.

Ernstzunehmen ist dagegen die Beschäftigung der Mikrobiologen mit landwirtschaftlich nutzbaren Pflanzen. Auf drei Arbeitsgebiete konzentrieren sich die Bemühungen im wesentlichen:

- die Verbesserung der Bodendüngung durch den Einsatz stickstoffproduzierender Mikroben,
- den Einsatz von Zellkulturen zur Gewinnung pflanzlicher Produkte und zur Züchtung von Hybridpflanzen,
- schließlich die Übertragung genetischen Materials zwischen Bakterien und Pflanzen in beiden Richtungen.

Stickstoff, den Pflanzen zum Aufbau von Protein brauchen, kann dem Boden entweder durch künstliche Düngung zugeführt werden oder durch Mikroben, die ihn der Luft entziehen. Eine ganze Reihe von Bakterien ist in der Lage, Stickstoff zu binden. Die wenigsten von ihnen leben aber in Symbiose mit Pflanzen, was die Voraussetzung dafür ist, daß die Pflanzen direkt in den Genuß des Stickstoffs kommen. Und jene stickstoff-fixierenden Bakterien, die mit Pflanzen in Symbiose leben, suchen sich dafür leider die vom Interesse der Landwirtschaft aus gesehen falschen Pflanzen aus. Die Gentechnik könnte da ändernd eingreifen.

Die am meisten verbreitete stickstoffbindende Mikrobe ist das Knöllchenbakterium Rhizobium, das sich an den Wurzelhaaren von Leguminosen anlagert und dafür im Gegenzug Nährstoffe von der Pflanze erhält. Die Molekularbiologen verfolgen vier Ziele:

Erstens wollen sie die Rhizobium-Bakterien genetisch so verändern, daß sie sich nicht nur an Leguminosen, sondern auch an anderen Nutzpflanzen wie etwa Getreide anlagern.

Zweitens sollen die Bakterien so manipuliert werden, daß sie mehr Stickstoff binden, als sie das von Natur aus tun.

Drittens wollen sie das Gen, das die Stickstoffbindung in Rhizobium steuert, auf andere Bakterien übertragen, die in Symbiose mit Nutzpflanzen leben.

Viertens wird das Ziel verfolgt, das Gen für die Stickstoff-Fixierung aus Rhizobium direkt in Pflanzen zu übertragen, die sich dann ihren Stickstoff selbst direkt aus der Luft holen könnten. Das Problem dabei ist ein funktionierendes Übertragungsvehikel zu finden und das Stickstoff-Gen im Pflanzengenom zu stabilisieren.

Die Experten streiten darüber, wann die Pflanze mit Stickstoff-Selbstversorgung aus dem Labor kommen wird: Einige sagen, der Durchbruch stehe unmittelbar bevor, andere dagegen rechnen noch mit mehreren Jahrzehnten intensiver Forschungsarbeit. Sollten die Forscher erfolgreich sein, hätte das immense ökonomische und ökologische Folgen: Die künstliche Stickstoffdüngung würde weitgehend überflüssig. Zur Zeit geht man noch davon aus, daß der Weltbedarf an Stickstoffdünger, der Ende der siebziger Jahre gut fünfzig Millionen Tonnen betrug, bis zur Jahrtausendwende auf 180 Millionen Tonnen steigt.

Da für die Herstellung von Stickstoffdünger große Mengen Energie eingesetzt werden, könnten die Gene des Knöllchenbakteriums schon bald die Energiebilanzen der Industrienationen deutlich verbessern. Wird die Stickstoffdüngung überflüssig, wäre auch ein gravierendes Umweltproblem gelindert, die Verseuchung unserer Gewässer durch Düngemittel.

Zucht im Reagenzglas

Das zweite große Anwendungsgebiet neuer genetischer Techniken in der Landwirtschaft ist der Einsatz von Zellkulturen. Statt für Versuche oder Produktionszwecke ganze Pflanzen einzusetzen, werden isolierte Pflanzenzellen auf Nährlösungen kultiviert. Zum einen können diese Zellkulturen in Bioreaktionen dann pflanzliche Produkte herstellen, die sonst mit den umständlichen und zeitraubenden landwirtschaftlichen Anbaumethoden gewonnen werden müßten. Zu diesen Produkten gehören Pharmazeutika, Insektenvernichter, Geschmacksstoffe, Öle und organische Chemikalien.

Zum anderen erlaubt die Arbeit mit Zellkulturen, in kürzester Zeit neue Hybridpflanzen zu züchten. Statt unter dem Zwang der langwierigen Vegetationszyklen Pflanzen zu neuen Sorten zu kreuzen, können einzelne Pflanzenzellen in der Petrischale veranlaßt werden, in kürzester Zeit einen Kallus zu bilden, der sich mit Hilfe pflanzlicher Hormone dann schnellstens wieder zu einer vollständigen Pflanze ausbilden kann.

Die einzelnen Pflanzenzellen, die der Beginn eines solchen Prozesses sind, lassen sich zuvor relativ bequem genetischen Veränderungen unterwerfen. Das kann zum Beispiel geschehen, indem man sie mutagenen Stoffen aussetzt oder indem man

Protoplasten unterschiedlicher Sorten zu neuen Pflanzen fusioniert. Wissenschaftler am Max-Planck-Institut für Biologie in Tübingen haben auf diese Weise zum Beispiel verschmolzene Zellen von Tomaten- und Kartoffelpflanzen zu einer »Tomoffel«-Pflanze heranwachsen lassen, die allerdings keine Früchte trug.

Natürlich ist nicht die Züchtung von Pommes-frites-Bäumchen mit Tomaten-Ketchup das Ziel derartiger Bemühungen, sondern die Neuschöpfung von Nutzpflanzen mit wünschenswerten Eigenschaften. Das können Pflanzen sein mit höheren Ernteerträgen oder geringeren Ansprüchen an die Bodenqualität, Pflanzen mit höherer Resistenz gegen Dürre oder Krankheiten.

Traditionell hat die Landwirtschaft versucht, durch Düngung, Bewässerung, Drainage oder den Einsatz von Pestiziden den Pflanzen gedeihlichere Lebensbedingungen zu schaffen. Künftig könnte man sich eventuell dank genetischer Methoden darauf verlegen, einfach die passenden Pflanzen für gegebene Boden- und Klimabedingungen zu schaffen. Derartige Techniken könnten vor allem für die Nahrungsversorgung in den Entwicklungsländern von großer Bedeutung werden.

Die anspruchsvollsten Bemühungen der Mikrobiologen in der Landwirtschaft richten sich schließlich darauf, Gene zwischen Pflanzen und Bakterien zu übertragen. Vom Versuch, Nutzpflanzen genetische Informationen für die Fixierung von Stickstoff einzusetzen, war schon die Rede. Pflanzen könnten durch den Einbau neuer Gene aber auch dazu gebracht werden, alle möglichen fremden Proteine zu produzieren und diese Fähigkeit auf ihre Nachkommen zu vererben.

Beim Problem, die Übertragungsvehikel für die genetische Manipulation von Pflanzen zu finden, sind die Forscher schon ein gutes Stück vorangekommen. Das Bakterium *Agrobacterium tumefaciens* befällt verletzte Pflanzen wie zum Beispiel Hülsenfrüchte, Tomaten und Obstbäume und ruft an ihnen tumorartige Wucherungen hervor. Bei diesem Vorgang schmuggelt sich ein

Teil eines Plasmids des Bakteriums, die sogenannte T/DNA, in ein Chromosom der Pflanze ein. Gelänge es, fremde Gene in die Transfer-DNA einzubauen, könnte Agrobacterium tumefaciens zu einer Art trojanischen Pferdes der Pflanzengenetiker werden.

Im Vergleich dazu erscheint es heute schon einfach, den umgekehrten Weg zu gehen, nämlich pflanzliche DNA in Bakterien einzuschleusen. Die Mikroben könnten dann in Fermentern pflanzliche Proteine produzieren. Auf diese Weise ließen sich relativ komfortabel wertvolle pflanzliche Substanzen wie Pharmazeutika, Pestizide, Öle, Wachse und Geschmackstoffe gewinnen. Freilich, wann dies gelingen wird, ist derzeit noch ungewiß.

6 Angst vor Frankenstein

Wenn auch der Gen-Rausch an der Wall Street fürs erste verflogen ist – kaum jemand bezweifelt, daß auf lange Sicht die Gen-Ingenieure zusammen mit der Großindustrie vieles einlösen werden, was die neue Biotechnologie heute verspricht. Die Zuversicht ist um so begründeter, als in den vergangenen Jahren offensichtlich auch die ethischen Bedenken gegen die Anwendung der Gentechnik und die Furcht vor ihren Risiken abgenommen haben. Denn wie alle neuaufkommenden Techniken, die anfangs nur einer kleinen Clique Eingeweihter vertraut, dem Publikum aber unverständlich und leicht unheimlich sind, erweckte auch die Genmanipulation von Anfang an allerlei Argwohn.

Wenn das neue Wissen schon ähnlich bedeutsam sein sollte wie die Entfaltung der Kernenergie – war es da nicht naheliegend, daß die Experten genau wie in der Atomwirtschaft nur ja nicht mehr Informationen als unbedingt nötig an die Öffentlichkeit ließen, um im stillen und unbehelligt von den Warnern vor den Gefahren des neuen know how erst einmal vollendete Tatsachen zu schaffen?

In einem Brief an das Wissenschaftsjournal *Science* warnten zum Beispiel die »Freunde der Erde« vor einiger Zeit: »Die Kernkraft-Befürworter haben doch immer selbst die Probleme definiert und zugleich ihre eigenen Lösungen vorgeschlagen: Fragwürdige Daten wurden vorgelegt, alles redete über Konstruktionsmerkmale, Reaktorsicherheit und Auflagen. Aber das Unquantifizierbare, die menschliche Fehlbarkeit, die Anfälligkeit einer zentralisierten Energieversorgung, Sabotageakte, die Einschränkung bürgerlicher Freiheiten durch massive Sicherheitsmaßnahmen und die hohen volkswirtschaftlichen Kosten – über all das wurde nicht geredet.

Auf genau die gleiche Weise haben nun die Fürsprecher der Genforschung die Laborsicherheit als das entscheidende Problem definiert, für das dann eben ihre Sicherheitsrichtlinien die Lösung sind. Aber welcher Wissenschaftler kann denn garantieren, daß Labors absolut dicht sein werden und daß Unfälle aus menschlichen Fehlern und technischen Mängeln unmöglich sein werden?«

So wenig das Publikum von Molekularbiologie auch verstand – die Gruselgeschichte vom Doktor Frankenstein erfreute sich nur um so größerer Bekanntheit. Würden nicht auch die Genchirurgen bald versuchen, sich künstliche Abbilder des Menschen nach Maß zu machen? War Aldous Huxleys *Schöne neue Welt*, in der der Nachwuchs »entkorkt« statt geboren wurde, aufgenormt und versehen mit den sozial wünschenswerten Eigenschaften, schon angebrochen? Und selbst wenn derlei Schauder nichts als Science fiction war – lagen nicht ernstzunehmende Risiken im Umgang mit all den genetisch vergewaltigten Mikroben? Was würde geschehen, wenn Bakterien mit Eigenschaften, deren Schädlichkeit nie erprobt worden war, aus den Versuchslabors der Forscher ausbrächen und in der natürlichen Umwelt außer Kontrolle gerieten?

Es waren die denkbar seriösesten Leute, die von solchen Zweifeln geplagt wurden, weißgott keine Spinner und Maschinenstürmer. So ging etwa der ehrenwerte Bürgermeister der Harvard-Stadt Cambridge in Massachusetts, *Alfred Velucci*, auf die Barrikaden, als die Harvard University 1976 eines ihrer Labors für die DNA-Forschung umbauen wollte. Düster und höchst laienhaft warnte Velucci seine Mitbürger vor den Frankensteins. Ein Bürger-Kommitee mußte schließlich an der Kontrolle des Labors beteiligt werden.

Die Forscher geben Alarm

Die spektakulärsten Warnungen vor Experimenten mit den Geheimnissen des Lebens kamen freilich von den Wissenschaftlern selbst. Im Sommer 1974 wollte der spätere Nobelpreisträger *Paul Berg* von der Stanford University Erbmaterial von Viren des Typs SV 40 in die DNA des menschlichen Darmbakteriums *Escherichia coli* einschmuggeln. SV 40-Viren, die im Körper von Affen gefunden werden und die den Tieren keinen Schaden zufügen, hatten sich bei früheren Tests mit Mäusen, Hamstern, aber auch mit menschlichen Zellkulturen im Reagenzglas als krebserregend erwiesen. Biologen, die von Bergs Plänen erfuhren, schlugen Alarm. Was, so war ihr Argument, würde geschehen, wenn die manipulierten E. coli-Bakterien durch Zufall aus Bergs Labor entkommen, sich wieder in Menschen einnisten und dort vermehren würden? Eine Krebsepidemie?

Paul Berg ließ sein geplantes Experiment freiwillig fallen. Mehr noch: Organisiert durch die *National Academy of Sciences* formierte sich unter Bergs Führung ein elfköpfiger Ausschuß, der Vorschläge zur Lösung des Sicherheitsproblems bei der DNA-Forschung machen sollte. Zu dem Ausschuß gehörte die Creme der Gen-Wissenschaftler, darunter *James Watson, Stanley Cohen, Herbert Boyer* und *David Baltimore.* In einem offenen Brief, der von den Wissenschaftsmagazinen *Science* und *Nature* publiziert wurde, empfahl der Ausschuß allen Kollegen, sofort von riskanten Experimenten abzulassen. Vor allem sollten keine Gene von krebserregenden Viren oder auch von anderen in Tieren vorkommenden Viren in Vektor-DNA – also für den Transport in fremde Organismen geeignete DNA – eingebaut werden. Ferner empfahl der Berg-Ausschuß, daß alle anderen Experimente, die denkbaren Schaden anrichten konnten, unterbleiben sollten – vor allem dachte man dabei an Versuche, bei denen Gene für Toxine oder für Resistenzen gegen Antibiotika in Bakterien übertragen werden sollten. Schließlich rieten die elf Warner auch davon ab, Gene höherer Lebewesen mit Vektor-DNA zu kombinieren.

Ein Moratorium wie dieses hatte es noch nie gegeben. Wissenschaftler, die an einem vielversprechenden, aber auch heiklen Gegenstand arbeiteten, verpflichteten sich, erst einmal über den möglichen physischen und sozialen Schaden ihres Tuns nachzudenken, ehe sie ihre Neugier in weiteren Experimenten stillten.

Mehr Glaube als Gewißheit

Während der zwei Jahre, in denen das Moratorium galt, war eigentlich nur eines gewiß: Es gab keinen handfesten Hinweis darauf, daß die mit dem Bann belegten Experimente tatsächlich schädlich sein würden. Die Gefahren, vor denen man sich fürchtete, waren nichts als Eventualitäten. Alles, was die Wissenschaftler zunächst dazu sagen konnten, war dies: »Kaum jemand von uns glaubt, daß diese neuen Techniken frei sind von Risiken. Die Gefahren zuverlässig einzuschätzen, wird zunächst schwierig und eher intuitiv sein. Aber das wird sich ändern in dem Maße, in dem wir unseren Wissensstand verbessern.« So formulierte es 1975 einer der Forscher, der im Jahr zuvor aufgeregt vor Paul Bergs Tests mit den Genen des möglicherweise krebserregenden Virus SV 40 gewarnt hatte.

Vage stellte man sich als mögliche Gefahren des *genetic engineering* vor, daß Krebsepidemien ausgelöst werden könnten, daß erblich manipulierte Bakterien die Erdölvorräte der Welt vernichten könnten, daß neue Formen pflanzlichen Lebens unkontrolliert das ökologische Gleichgewicht zerstören könnten oder daß die Menschheit mit hormonproduzierenden Bakterien infiziert werden könnte, die aus den Labors der Genforscher stammten. In der Tat, Dr. Frankensteins Probleme waren dagegen wohl eher Lappalien. Nur, ob solch gefährliche Ereignisse möglich sind – von ihrer Wahrscheinlichkeit erst recht zu schweigen –, das ist bis heute unter den Experten noch umstritten.

Da keinerlei praktische Erfahrungen mit genetisch verursachten Biokatastrophen vorliegen, sind die Wissenschaftler auf Analogieschlüsse angewiesen – auf strittige Analogieschlüsse. Der Bericht des amerikanischen Kongreß-Büros für Technologiebewertung OTA über die »Auswirkungen angewandter Genetik« entwickelt das Problem an Beispielen:

So wird etwa die Befürchtung, daß Pflanzen, Tiere oder Mikroorganismen in einer ihnen fremden Umwelt Schäden anrichten könnten, vor allem aus historischen Exempeln genährt. Die Einführung der brasilianischen Wasserhyazinthe in die USA hat zum Beispiel Ende des 19. Jahrhunderts die Wasserstraßen im Süden der Vereinigten Staaten zuwuchern lassen. Oder die unkontrollierte Vermehrung englischer Spatzen, zunächst zur Insektenbekämpfung in die USA importiert, machte schon bald Vernichtungsaktionen gegen die Vögel nötig.

Ob derlei Beispiele freilich für die Gentechnik relevant sind, ist äußerst ungewiß. Man könnte etwa dagegenhalten, daß ein genetisch veränderter Organismus, dessen Erbgut nur zu einem Prozent aus künstlich eingefügten Genen besteht, ja eben noch zu 99 Prozent natürliche Erbanlagen hat. Die Analogie zu einem total neu in die Umwelt eingeführten fremden Organismus ist da schon kaum noch gegeben.

Auch eine andere Analogie, die gern als Beweis für die mögliche Gefährlichkeit der Genmanipulation bemüht wurde, ist logisch wohl eher etwas wackelig. Regelmäßig, so lautet das Argument, treten neue Stämme von Grippeviren auf. Einige davon können Epidemien hervorrufen, weil die Menschen, die nie zuvor Kontakt mit diesen Viren hatten, auch nicht über die gegen diese Viren schützenden Antikörper verfügen. Ähnliches soll von genetisch veränderten Bakterien drohen – die ja auch unbekannt sind für den menschlichen Organismus. Unkorrekt an der Analogie ist freilich, daß Grippeviren per se schon pathogen sind, während die von den Genchirurgen verwendeten speziellen E. coli-Bakterienstämme völlig harmlos sind. Ob sie durch genetische Veränderung überhaupt pathogen werden können, ist unter den Fachleuten viel bezweifelt.

Es muß viel passieren...

Etwas entschiedenere Aussagen als über die Möglichkeit von Gefahren aus der Gentechnik können über die Wahrscheinlichkeit von deren Eintreten gemacht werden. Schäden, das läßt sich grundsätzlich sagen, sind immer das Ergebnis einer mehr oder weniger langen Kette einzelner unglücklicher Ereignisse. Jedes einzelne dieser Ereignisse ist mehr oder weniger wahrscheinlich – oder unwahrscheinlich. Die Wahrscheinlichkeit jedes einzelnen ungünstigen Ereignisses kann durch Kontrolle gemindert werden. Und schließlich ist die Chance, daß das letzte katastrophale Ereignis einer Ereignisserie eintritt, immer noch geringer als die Wahrscheinlichkeit des sonst am wenigsten zu erwartenden Ereignisses der Kette. Schlicht gesagt: Es muß allerhand passieren, damit ein aus dem Labor ausgebrochener Mikroorganismus mit manipuliertem Erbmaterial Menschen zu Schaden bringt. Erstens, so listet der schon zitierte OTA-Report auf, muß ein gefährliches Gen unbemerkt in einen Mikroorganismus eingebaut werden, zweitens muß der Mikroorganismus aus dem Labor verschwinden, drittens muß er sich in der natürlichen Umwelt behaupten können und sich vermehren, viertens muß sich ein Mensch damit infizieren und schließlich muß der Mikroorganismus im menschlichen Organismus den krankheitserregenden Faktor produzieren; daß all dies geschieht, ist unwahrscheinlich.

In einem wichtigen Test haben Molekularbiologen 1979 einen praktischen Beitrag zu der Frage der Wahrscheinlichkeit von Gen-Katastrophen geliefert. In dem Versuch wurde der schlimmste praktikable Fall durchexerziert: Das Tumorvirus *Polyoma* ist als das in Hamstern bislang höchst infektiöse Krebsvirus bekannt. Das Virus wurde in E. coli-Bakterien eingebaut, die Bakterien in den Organismus von Versuchstieren gebracht – sie lösten dort keinen Krebs aus. Wenn schon das höchst gefährliche Virus Polyoma, in Bakterien inkorporiert, keinen Krebs in Tieren auslöst, dann, so war der allgemein akzeptierte Schluß des Experiments, sind auch andere Krebsviren und ihre Gene in Bakterien keine Gefahr für die Umwelt.

Es müssen allerdings nicht gleich krebsauslösende Gene sein, die den Kritikern der Genchirurgie Furcht einflößen. Eine Zeitlang berichtete die Presse in den Vereinigten Staaten von der Möglichkeit, daß E. coli-Bakterien, denen Gene für die Herstellung von menschlichem Insulin eingebaut worden sind, in die Umwelt und von dort in den menschlichen Organismus gelangen. Sie könnten, so lautete die Schreckenskunde, das hormonale Gleichgewicht der Menschen stören und zu schweren Gesundheitsschäden führen.

Auf einem workshop des *National Institute of Allergy and Infectuous Deseases* haben Wissenschaftler 1980 in Pasadena die Wahrscheinlichkeit dieses Horrorszenarios zu kalkulieren versucht. Unter den ungünstigsten Annahmen kam dabei heraus, daß ein von so einem Insulin-Bakterium infizierter Mensch täglich 0,6 Einheiten Insulin zusätzlich zu den von seiner Bauchspeicheldrüse produzierten fünfundzwanzig bis dreißig Einheiten zu verkraften hätte – eine kaum wahrnehmbare Menge, und schon gar keine schlagzeilenträchtige.

Am Schluß seiner gründlichen und gewiß unvoreingenommenen Erwägungen über Möglichkeit und Wahrscheinlichkeit von Gen-Desastern kommt das Expertenteam des Kongreßbüros OTA zu zwei bemerkenswerten Feststellungen. Die eine: Selbst wenn die Wahrscheinlichkeit einer Gefahr ziemlich gut bekannt ist – besser bekannt als die der Gentechnik – weicht diese tatsächliche Wahrscheinlichkeit meist beträchtlich von der Vorstellung der Leute darüber ab. Zwei Faktoren sind für gewöhnlich dafür verantwortlich, daß die Wahrscheinlichkeit einer Gefahr überschätzt wird: Der mögliche Schaden ist groß und die individuelle Chance, sich dem Risiko zu entziehen, ist gering. Beides, so das OTA, sei bei der Gentechnik der Fall. Gleichwohl, und das ist die andere resümierende Feststellung des Reports, werden wir darüber entscheiden müssen, welchen Grad an Unsicherheit gegenüber den Ergebnissen der Gentechnik wir hinnehmen wollen, wenn wir denn auf ihren Nutzen nicht von vornherein verzichten wollen.

Auch Kühe sind gefährlich

Von Natur aus sind wir an die Hinnahme von Biorisiken ziemlich gut gewöhnt, wie das leicht scherzhafte Beispiel zeigt, das die britischen Mikrobiologen *Sargeant* und *Evans* in einem Bericht über die Biogefahren für die Europäische Kommission den Lesern geben. »Die Kuh«, heißt es dort, »ist ein lebender, beweglicher, sich selbst reproduzierender und eßbarer Fermenter.« Um Gras zu verdauen und Milch zu produzieren, die bekanntlich immer noch von Menschen getrunken wird, setze dieser Fermenter eine komplexe und sich ständig ändernde Kultur von Mikroorganismen in seinem Inneren ein. Eine ganze Reihe dieser Organismen sei in ihren Eigenschaften noch völlig unerforscht. »Die Kuh«, so fahren Sargeant und Evans fort, »kann von pathogenen Viren infiziert werden, zum Beispiel dem Maul- und Klauenseuche-Virus, oder *Brucella abortus* und *Mycobacterium tuberculosis*, die den lebenden Fermenter beschädigen und zerstören oder aber seine Produkte verseuchen können.« Kein Mensch scheint deswegen aber bisher die Kühe als Biorisiken betrachten zu wollen, die unbedingt aus dem Verkehr gezogen werden müssen. Man versucht vielmehr, den »Fermenter« unter Kontrolle zu halten und sich seiner Produkte zu erfreuen.

Das gleiche empfiehlt sich für die von Menschenhand geschaffenen Bioreaktoren und die in ihnen ablaufenden Prozesse. Mit Nachdruck weisen Sargeant und Evans darauf hin, daß pathogene Mikroorganismen zuhauf in unserer Umwelt vorkommen und durch Kontrollmaßnahmen in Schach gehalten werden. Auf diesem Hintergrund müsse man die Probleme der Genchirurgie und der großtechnischen Bioverfahren sehen.

Anders als die amerikanischen Risikoforscher beschäftigt die Briten kaum die Frage, welchen Schaden heikle Mikroben anrichten können, wenn sie aus dem Labor ausbrechen. Da solche Mikrobenstämme unnatürlich spezialisiert seien, hätten sie, so Sargeant und Evans, in der Umwelt kaum mehr Überlebenschancen als ein verwöhnter europäischer Schoßhund im sibirischen Winter.

Die Briten schenken eher jenen Problemen Aufmerksamkeit, die daraus resultieren, daß Laborwissen in großtechnische Maßstäbe übertragen wird. In ihrem Risiko-Report kommen sie zu folgenden Schlüssen:

- Gefahren im Bio-Business drohen allenfalls von ganz wenigen Mikroorganismen, die in der Lage sind, eine höhere Spezies zu infizieren und zu schädigen.
- Pathogene Stoffe werden voraussichtlich nicht in großindustriellem Maßstab bearbeitet.
- Allerdings sind dringend weitere Forschungsergebnisse über die großräumige Verbreitung von Pflanzenkrankheits-Erregern durch die Luft erforderlich.
- Einige hochgefährliche humane und tierische Krankheitserreger dürfen zu Forschungszwecken und zu Diagnose- und Therapiezwecken nur in kleinem Maßstab gezüchtet werden.
- Es gibt ein Risiko bei Fermentationsprozessen in großen Reaktoren, nämlich daß sich die biologischen Bedingungen des Prozesses bei langer Zeitdauer unkontrolliert verändern.
- Deshalb muß vor allem untersucht werden, wie sehr kleine Mengen kontaminierender Mikroorganismen in großen Kulturen sehr schnell entdeckt werden können.

Die wirklich ernst zu nehmenden Probleme der Biotechniker sind also nicht der Ausbruch von Killer-Mikroben aus dem Labor oder die Bändigung von Frankenstein-Monstern, sondern die Herstellung stabiler und kontrollierbarer Bedingungen in den Fermentern der künftigen Biofabriken. Gefahren drohen weniger für die Umwelt als für die Mikrobenkulturen selbst und für die Produkte, die sie herstellen sollen.

Doch ehe diese Einschätzung hat Boden gewinnen können, mußten die Genforscher in der Sicherheitsfrage erst einmal Irrwege gehen. Den Höhepunkt erreichte die hektische Debatte über die Risiken der Genmanipulation im Jahre 1975.

Ein Jahr nachdem *Paul Berg* und seine Kollegen das Moratorium für riskante Experimente verkündet hatten, trafen sich im Tagungszentrum von Asilomar, südlich von San Francisco, 140 Molekularbiologen aus 17 Ländern, um sich auf allgemeinverbindliche Sicherheitsstandards zu einigen. Die Konferenz verabschiedete eine Reihe von Grundsätzen, die später zu exakten Vorschriften für den experimentellen Umgang mit den Genen ausformuliert wurden.

An den *Ideen von Asilomar* orientierten sich vor allem auch die Sicherheitsrichtlinien, die 1976 von den amerikanischen *National Institutes of Health* (NIH) erlassen wurden, der wichtigsten Institution in den USA, die Genforschung finanzierte. Die NIH-Richtlinien wurden ihrerseits das Vorbild für die meisten nationalen Genforschungs-Kodizes, die nach und nach in fünfundzwanzig Ländern erlassen wurden.

Kern der NIH-Regeln war einmal das Verbot bestimmter Experimente, zum anderen ein System abgestufter Sicherheitsvorschriften für Gentechnik-Labors.

Gänzlich mit dem Bann belegt wurden Versuche,

- in denen Gene pathogener Organismen übertragen wurden,
- in denen Vektor-DNA mit Genen für bestimmte Gifte hergestellt wurde,
- in denen DNA-Techniken zur Herstellung bestimmter Pflanzen-Pathogene genutzt wurden,
- in denen Arzneimittel-Resistenzen auf Mikroorganismen übertragen wurden, die Krankheiten bei Menschen, Tieren und Pflanzen begünstigen können,

- in denen Organismen mit Vektor-DNA absichtlich in die Umwelt entlassen werden und
- in denen Kulturen in einer Größenordnung von mehr als zehn Litern eingesetzt werden, es sei denn, die Harmlosigkeit der in dem Versuch übertragenen Gene wäre gründlich erwiesen.

In besonderen Fällen konnten verbotene Experimente ausnahmsweise genehmigt werden. Erlaubte Experimente durften je nach Risikograd nur in besonders gesicherten Labors unternommen werden. Labors der einfachsten Sicherheitsstufe P1 für unriskante Versuche mußten mit Fachpersonal besetzt sein und ihre Abfälle sicher beseitigen. P2-Labors sollten durch »Biohazard«-Zeichen markiert sein, nicht öffentlich zugänglich sein, dicht gebaut sein und Waschgelegenheiten haben. Labors der Stufe P3 mußten Unterdruck haben, Filter und Sicherheitskabinen. Die sichersten Labors schließlich für riskante Experimente mußten absolut dicht sein, Luftschleusen haben, Luftfilter-Anlagen und Sicherheitskabinen, in die die Wissenschaftler nur durch fest montierte Gummihandschuhe hineingreifen können. Schließlich schrieben die NIH-Richtlinien noch vor, daß für bestimmte Experimente nur solche Mikroben verwendet werden dürfen, die eigens so gezüchtet sind, daß sie außerhalb der Laborbedingungen keinesfalls überlebensfähig sind.

Zu große Besorgnis?

Nachdem die Geningenieure ein paar Jahre lang mit ihren neuen Sicherheitsrichtlinien gearbeitet hatten, legte sich offenbar auch ihre Besorgnis, daß ihre Experimente zu einem Biodesaster führen könnten. Die spektakulären Warnungen, die noch die Konferenz von Asilomar geprägt hatten, waren offenkundig übertrieben gewesen. Der Grund dafür war zum

Teil, daß die Gentechniker zu Anfang darauf verzichtet hatten, erst einmal den Rat von Immunologen oder Ingenieuren einzuholen.

Diese Leute, die traditionell mit heiklen Organismen oder dem Bau sicherer Labors zu tun haben, hätten manche Bedenken der Genforscher schnell abtun können. Zum Beispiel hatte doch die NASA in ihrem Raumprogramm sehr viel Sorgfalt darauf verwendet sicherzustellen, daß ihre Astronauten keine extraterrestrischen Organismen mit zurück zur Erde brachten. Und die Mediziner waren mit dem Problem, gefährliche Organismen unter Verschluß zu halten, zum Beispiel längst durch die Erforschung von Pocken oder die Behandlung des Lassafiebers vertraut.

Daß der große Alarm über die Biogefahren wohl doch etwas übertrieben war, scheinen inzwischen auch die National Institutes of Health eingesehen zu haben. Anfang 1982 ließen die NIH bei etlichen Berufenen anfragen, ob es nicht an der Zeit sei, die Regeln für die Gentechnik zu revidieren, das heißt, sie zu lockern. Vor allem, so ließen die Väter der Richtlinien wissen, sollte man doch vielleicht ihrem Kodex die obligatorische Qualität nehmen, vielmehr die Regeln zu einer Art freiwilliger Übereinkunft machen.

Auch in der Bundesrepublik ist die Frage, ob der Gentechnik enge gesetzliche Fesseln angelegt werden sollen oder ob man der DNA-Forschung freien Lauf lassen sollte, heiß diskutiert worden, freilich ohne daß die Öffentlichkeit davon viel mitbekommen hat. Bei einem Hearing im Bundesforschungsministerium über »Chancen und Gefahren der Genforschung« bemerkte im September 1980 der Diskussionsleiter, Professor *Fritz Cramer* vom Max-Planck-Institut für experimentelle Medizin, treffend: »Die Öffentlichkeit ist unberechenbar, sie neigt entweder zum Verdrängen oder zur Hysterie. In der Bundesrepublik Deutschland sind die möglichen Gefahren der Gentechnologie eher in Vergessenheit des öffentlichen Bewußtseins geraten und verdrängt worden.« Daran hat sich bis heute wenig geändert.

Dabei hatte die Bundesregierung schon relativ früh, nämlich Anfang 1978, »Richtlinien zum Schutz von Gefahren durch in-vitro neukombinierte Nukleinsäuren« erlassen. Die Vorschriften – sie waren verbindlich für alle vom Bund geförderten Forschungsarbeiten – glichen im wesentlichen den amerikanischen Richtlinien. Eine zentrale Rolle im deutschen Kontrollsystem fiel der Zentralen Kommission für die biologische Sicherheit zu, in der zwölf Sachverständige über die Risiken in den Genlabors wachen, Experimente nach ihrer Gefährlichkeit einstufen und gegebenenfalls Vorschläge für neue Richtlinien machen sollen.

Pro und Contra in Bonn

Daß die Bedenken der Skeptiker mit der Einführung der Richtlinien keineswegs ausgeräumt waren, wurde auf dem erwähnten Hearing deutlich, auf dem internationale Experten das Pro und Contra der Gen-Gefahren erörterten. Als zentrale Frage stand bei der Anhörung die Entscheidung an, ob die Richtlinien zum allgemeinverbindlichen Gesetz erhoben werden, also nicht mehr nur für die staatlich geförderte Forschung, sondern auch für die der Industrie gelten sollten.

Die meisten Genforscher selbst verwiesen auf die amerikanischen Erfahrungen und warnten vor einer Überschätzung der Risiken und vor zu restriktiven Regelungen. Der Kölner Genetiker *P. Starlinger* zum Beispiel forderte, auf eine gesetzliche Regelung zu verzichten, weil einerseits kein erkennbares Risiko vorhanden sei, andererseits die Genforschung so schnell voranschreite, daß kein Gesetz und keine Bürokratie dem folgen könne, mithin Kontrolle von außen gar nicht möglich sein könne oder fortschrittshinderlich sein müsse.

Die Argumente der Kritiker litten sichtlich darunter, daß sie im grundsätzlichen und deshalb unpräzise blieben. Ziemlich genau formulierte der Sozialwissenschaftler *Klaus Meyer-Abich* das Dilemma der Kritiker:

»Für die Zukunft ist keineswegs auszuschließen, daß z.B. die biotechnologischen Entwicklungen Handlungsspielräume eröffnen werden, deren verantwortliche Wahrnehmung und gesellschaftliche Einbettung die bestehenden Institutionen und Regulative zur Verhinderung von Fehlentwicklungen und Mißbräuchen überfordern wird, daß aber neue politische Regelungen den biotechnologischen Entwicklungen immer nur hinterherlaufen werden. (...) Das Problem dabei ist natürlich, daß diese Folgewirkungen solange schwerlich absehbar sind, wie die entsprechenden Biotechnologien noch gar nicht entwickelt sind, so daß sich das folgende Dilemma auftut: Wenn die Wirkungen absehbar sind, sind sie schon kaum mehr zu vermeiden; bevor sie aber absehbar sind, sind sie auch gar nicht anzuwenden, weil sie noch gar nicht definiert sind.« Einziger Ausweg sei, daß die Wissenschaftler selbst die Sozialverträglichkeit ihrer Forschung im vorhinein bedächten und daß sie die Öffentlichkeit an diesem Denkprozeß teilhaben ließen.

Die Publizität der gentechnischen Entwicklung wurde in der Bonner Debatte zum Dreh- und Angelpunkt des Problems – ganz gleich, ob die Disputanten nun für oder gegen eine gesetzliche Regelung waren. So begründete der Wissenschaftspublizist *Jost Herbig* seine Forderung nach einem Gen-Gesetz mit der Notwendigkeit, alle Forschung öffentlicher Kontrolle zu unterwerfen, also auch die Projekte der Industrie.

Davor, der Industrie bei der Entwicklung der DNA-Technik blind zu vertrauen, warnte auch der amerikanische Biologe *Ethan Signer* vom *Massachusetts Institute of Technology*, und zwar mit drastischen Worten: »Es gibt Risiken, die aus der Beteiligung der Industrie herrühren. Ich kann natürlich nur über die amerikanische Industrie sprechen. Der amerikanischen Industrie sollten wir keinen Augenblick trauen. Verlassen Sie sich darauf, daß die Gentechnik für Waffen eingesetzt werden wird.«

Doch auch die deutsche Industrie bekam eher schlechte Noten. Auf die Frage, ob die Unternehmen wohl Richtlinien auf freiwilliger Basis anerkennen würden, antwortete *Georges Fülgraff*, der Präsident des Bundesgesundheitsamts: »Die Erfahrungen unseres Hauses mit der Arzneimittelindustrie lassen erwarten, daß mit einer ausnahmslosen Anerkennung und Befolgung freiwilliger Richtlinien nicht zu rechnen ist.«

Gleichwohl verzichtete Bonn erst einmal auf sein *Gen-Gesetz* aus der berechtigten Furcht heraus, daß die deutsche Forschung und die deutsche Industrie in der Gentechnik und Biotechnologie dann noch weiter gegen die ausländische Konkurrenz ins Hintertreffen geraten würden.

Die stummen Manager

Die Gegenleistungen der Industrie sind leider ausgeblieben: Beim Thema Biotechnik sind die Bosse der Chemie- und Pharmaindustrie eher maulfaul. Keiner von ihnen ist bisher dadurch aufgefallen, daß er eine öffentliche Debatte über die Chancen und Risiken dieser Technik angezettelt hätte. Statt die Innovation offensiv vor dem Publikum zu vertreten und die Öffentlichkeit damit vertraut zu machen, haben die Manager lange die Köpfe eingezogen und gehofft, daß möglichst niemand das Thema anrührt.

Die staatlichen Regulateure sind derweil auch in Deutschland dabei, die Fesseln der Kontrollen eher zu lockern. Vier Revisionen der Genforschungs-Richtlinien haben mittlerweile im wesentlichen Erleichterungen gebracht. Eine fünfte Novelle mit dem gleichen Trend ist in Arbeit.

Im Bericht über ihre erste Amtsperiode gab Mitte 1981 die *Zentrale Kommission für die biologische Sicherheit* der Gentechnik denn auch freie Fahrt: »Den Mitgliedern der ZKBS ist im Berichtszeitraum bei ca. 400 bearbeiteten Anträgen kein Fall einer Gefährdung von Experimentatoren oder Umwelt beim Arbeiten mit neukombinierter DNA bekannt geworden... Für die ZKBS ist die vollständige ›Unfallfreiheit‹ des Arbeitens mit rekombinanter DNA in einem weiten Spektrum von DNA/DNA-Kombinationen und Rezipientenzellen – bei Beachtung der anerkannten Regeln von Wissenschaft und Technik in diesem Bereich – in einer großen Zahl von Laboratorien in der Bundesrepublik Deutschland ein überzeugender Beweis für die Ungefährlichkeit dieser Technik.«

Im Herbst 1983 rief der neue Bundesforschungsminister *Heinz Riesenhuber* abermals eine größere Gruppe von Experten zusammen, um mit ihnen über die Gefahren der Gentechnik zu debattieren. Anders als sein sozialdemokratischer Amtsvorgänger *Volker Hauff* gab der Christdemokrat der Veranstaltung nicht einmal den Charakter eines offiziellen Hearings – Geheimniskrämerei auf höherer Stufe. Erst Monate später erfuhr die Öffentlichkeit von der Zusammenkunft. Anstöße, die Gentechnik strikter zu reglementieren, sind von dem Treffen nicht ausgegangen.

Die Biotechnik darf mithin hoffen, von restriktiven staatlichen Auflagen nicht allzusehr behindert zu werden. Gleichwohl fallen noch Schatten von Gefahren auf die schöne neue Welt der Gentechnik – von Gefahren, die noch in weiter Zukunft liegen. Wenn erst einmal Produkte, die nach den neuen biotechnischen Verfahren erzeugt worden sind, in großem Umfang auf die Märkte kommen, werden mit einiger Wahrscheinlichkeit auch solche dabei sein, die nach Jahrzehnten als Krebserreger oder Verursacher anderer Krankheiten identifiziert werden. Mit Gentechnik muß das dann gar nichts zu tun haben. Die Erfahrung lehrt, daß es solch üble Erscheinungen immer wieder bei herkömmlichen Medikamenten oder natürlichen Substanzen wie etwa beim Asbest gegeben hat. Dagegen kann nur die bestmögliche Kontrolle helfen. Ein Grund, ganze Forschungsrichtungen und Technologien aufzugeben, ist das nicht.

7 Die deutsche Industrie wacht auf

Da die Zukunft der neuen Technologie gerade erst beginnt, können die Chancen der deutschen Industrie wohl ganz vertan noch nicht sein. Wer im Bio-Business dabei sein will, wird dreierlei brauchen:

- Viel Geld – die Entwicklung eines einzigen neuen Medikaments dauert rund zehn Jahre und kostet achtzig bis hundert Millionen Mark.
- Zugriff zu den Ergebnissen der Grundlagenforschung, die im wesentlichen in den Universitäten, aber auch bei den führenden Venture capital-Unternehmen betrieben wird.
- Die Fertigkeit, Grundlagenwissen in Produkte umzusetzen und sie industriell herzustellen.

Ideal kombiniert sind die drei Faktoren nur in den Vereinigten Staaten. Ein Heer von Molekularbiologen an den Universitäten liefert die kritische Masse an Basiswissen, aus der die zündenden Entdeckungen kommen. Günstige Steuergesetze machen es für Großverdiener lohnend, ihr Geld in riskante Unternehmen zu stecken. Kurz bevor zum Beispiel die kalifornische Genfirma *Genentech* ihre spektakuläre Aktienausgabe an der Wall Street inszeniert hatte, waren die Steuergesetze für Risiko-Kapitalanleger verbessert worden. 1969 nämlich hatte der amerikanische Kongreß die Steuerquote auf langfristige Kapitalgewinne von 25 auf 48 Prozent erhöht. Viele Anleger waren daraufhin aus der Aktienanlage geflüchtet und hatten sich steuerbegünstigten Kapitalanlagen zugewendet. Die Folge war, daß Hunderte von kleinen High technology-Unternehmen in den USA finanziell auszutrocknen drohten. Der Gesetzgeber zog daraus 1978 die Lehre und senkte daraufhin die fragliche Steuerrate wieder auf 28

Prozent. Die Kapitalnot vieler neugegründeter Unternehmen hatte schlagartig ein Ende. Nur deshalb schwammen auch die gentechnischen Venture capital-Firmen anfangs im Geld, das sie zunächst ohne Rücksicht auf Verluste verpulverten.

Die Wissenschaftler an den privat finanzierten amerikanischen Universitäten sehen sich kaum restriktiven Regelungen ausgesetzt, die sie daran hindern, sich mit den Risiko-Kapitalisten zu verbünden. In vielen der Bio-Boutiquen ist der Vizepräsident ein renommierter Forscher, womöglich ein Nobelpreisträger. Auf dem Höhepunkt des Genrausches hat selbst die ehrwürdige *Harvard University* mit dem Gedanken gespielt, sich an einem Wirtschaftsunternehmen zu beteiligen, das die Erkenntnisse ihrer Forscher verwerten sollte.

Die Gentechnik-Firmen von Boston und San Francisco schaffen eine quirlige Mischung von Geist und Geld. Amerikas Großindustrie sitzt nahe genug am Geschehen, um schnell zugreifen zu können, wenn die kleinen Forschungsfirmen Lukratives zu bieten haben. Die Konzerne der Chemie- und Pharmabranche, der Nahrungsmittel- und der Ölindustrie beteiligen sich nicht nur finanziell an den *Biolabors* und füttern sie mit Forschungsaufträgen. Die Großfirmen sind auch emsig dabei, ihre eigenen Labors für Gentechnik auf- und auszubauen. Molekularbiologen sind deshalb in Amerika gesuchte Leute. Kaum daß die Tinte unter ihren Diplomen trocken ist, haben sie – einstmals die armen Vettern der Naturwissenschaften – dollarschwere Anstellungsverträge in der Tasche. Ihre Arbeitgeber heißen *Campbell Soups* und *Corning Glass, W.R. Grace* und *Standard Oil of California, Upjohn, Schering-Plough, Merck and Co.* oder *Pfizer* – nur wenige Großunternehmen mit biotechnikanfälligen Produkten fehlen da.

Die US-Chemie greift zu

Allen anderen voran hat sich Amerikas Chemieriese *DuPont* in Wilmington, Delaware, auf die Biotechnik geworfen. DuPonts Philosophie, so Forschungschef *Ralph Hardy*, ist es, auf wissenschaftliche Hilfe von außen weitgehend zu verzichten, und sowohl Grundlagenforschung als auch Produktentwicklung selbst zu betreiben. Hardy: »Nur so hat man die Sache ganz im Griff.«

DuPont baut für 85 Millionen Dollar neue Biolabors, in denen 700 Leute arbeiten sollen. Die jährlichen Forschungsaufwendungen für Gentechnik im engeren Sinne kommen auf zwei Millionen Dollar, für Molekularbiologie im weiteren Sinne auf 80 Millionen Dollar. Hardy: »Wir sind viel später gestartet als zum Beispiel Genentech. Aber bis 1990 haben wir Genentech eingeholt, vielleicht sind wir dann sogar schon besser.« Ziele der mikrobiologischen Aktivitäten von DuPont sind sowohl neue Medikamente als auch Nahrungsmittel und Industriechemikalien. Ein besonderer Schwerpunkt der Bemühungen ist die gentechnische Entwicklung von Pflanzenregulatoren, die beispielsweise Wachstum und Reifung von Sojabohnen beeinflussen könnten. Hardy sieht darin in den neunziger Jahren einen Markt von zehn Milliarden Dollar weltweit – fast soviel wie heute der gesamte Agrarchemikalienmarkt. Ganz freilich verzichtet auch DuPont nicht auf know how von außen. Für 430 Millionen Dollar wurde 1981 die *New England Nuclear Corporation* gekauft, die dem Konzern unter anderem gentechnisches Wissen zuführte. Und jährlich wird die *Harvard Medical School* mit gut einer Million Dollar gesponsort, um sich den Zugriff auf hochgestochenes Grundlagenwissen zu sichern.

Ähnlich verfahren andere US-Chemiekonzerne. *Monsanto* in St. Louis hat sein eigenes Mikrobiologie-Zentrum längst aufgebaut. Chairman *John Henley* resümiert kurz: »Wir stecken bis über die Augen in der Molekularbiologie.« *Eli Lilly* hat sich allein den Bau der Anlagen für die bakterielle Insulinherstellung

60 Millionen Dollar kosten lassen. Und auch *DOW Chemical* in Midland, Michigan, sieht in der Biotechnik seine Zukunft. Das Engagement des Chemiemultis bei dem Laborunternehmen *Collaborative Research* – für fünf Millionen Dollar wurden fünf Prozent der Firmenanteile erworben, auf weitere fünf Prozent besteht eine Option – scheint sich schon bald auszuzahlen: Für DOW hat die Forschungsfirma die bakterielle Herstellung des Käseferments *Rennin* entwickelt, das Mitte der achtziger Jahre als eines der ersten gentechnischen Produkte auf dem Markt sein soll. Biotechnik-Chef *John Donalds* vom DOW: »Wir haben fünf weitere Produkte in der Pipeline. Wir stehen mit mehreren Forschungsfirmen in Beteiligungsverhandlungen.« Für vierzig Wissenschaftler baut DOW gerade eigene Genlabors auf, und in den nächsten zehn Jahren sollen jährlich zehn Millionen Dollar in die angewandte DNA-Forschung gesteckt werden, sowie weitere dreißig Millionen Dollar in die reine Produktentwicklung biotechnischer Erzeugnisse.

Die Grundlagen fehlen

In der Bundesrepublik Deutschland tut sich da viel weniger, die Startbedingungen der deutschen Industrie sind auch viel schlechter. Zwar fehlt es ihr weder am nötigen Geld noch an produktionstechnischen Erfahrungen in der Biochemie. Fast alle großen Chemie- und Pharmafirmen in der Bundesrepublik erweitern emsig ihre Biolabors. Doch was ihnen fehlt, ist die *Grundlagenforschung* vor der Haustür.

Nicht daß es gar keine renommierten deutschen Mikrobiologen gäbe. Doch die Zahl der Spitzenforscher in Deutschland ist an den Fingern von zwei Händen abzuzählen. Zudem fehlen ihnen der akademische Unterbau und die durch private Kapitalspritzen aufgebesserten Arbeitsbedingungen ihrer amerikanischen Kollegen. »Während der erfolgreiche deutsche Arzt seine Ersparnisse steuermindernd unter dem Stichwort Entwicklungshilfe in Form von Hotelruinen in Spanien anlegt«, klagte deshalb der Heidelberger Molekularbiologe Ekkehard Bautz, »verpulvert der amerikanische Anleger sein Geld in einer venture capital firm« – zum Vorteil des wissenschaftlichen und industriellen Fortschritts.

Erst ganz allmählich hat sich 1983 in der Bundesrepublik ein Markt für Venture capital-Finanzierungen zu entwickeln begonnen. Die an den Fingern abzuzählenden Fonds und Institute, die Geld für innovative Unternehmen mobil machen wollen, haben ihr Auge vor allem auf junge Firmen der Mikroelektronik geworfen – alle behaupten sie aber auch, schon den einen oder anderen Mikrobiologen an der Leine zu haben, der sein eigenes Laborunternehmen gründen will.

Als 1980 der britische Genforscher *John Collins* versuchte, sein eigenes Laborunternehmen aufzubauen, mußte er die Erfahrung machen, daß niemand bereit war, ihm Geld dafür zu geben. Die großen Chemie- und Pharmafirmen, bei denen er anklopfte, winkten ab. Die Manager schien vor allem zu stören, daß jeweils auch ihre möglichen Konkurrenten unter den Geldgebern der geplanten Gentechnik-Firma sein sollten.

Inzwischen gibt es eine Handvoll solcher kleiner Laborfirmen in der Bundesrepublik, die freilich in sehr bescheidenem Rahmen arbeiten und weit entfernt sind von der wissenschaftlichen und ökonomischen Potenz ihrer großen Vorbilder in den Vereinigten Staaten.

Die erste deutsche Gründung war Ende 1982 die Firma *Biosyntech* des Hamburger Biochemikers *Hubert Köster*, der mit einer Million DM Startkapital von seiner Familie begann. Die vorerst letzte Neugründung, die Heidelberger Firma *Progen*, ist gleich auf größere Dimensionen angelegt.

Gesellschafter von Progen mit je einem Fünftel Anteil am Stammkapital von 100 000 DM sind neben der Düsseldorfer Beteiligungsgesellschaft *Bera* die vier Heidelberger Professoren *Ekkehard Bautz, Werner Franke, Peter Gruss* und *Günter Hämmerling*. Die Firma soll zunächst monoklonale Antikörper entwickeln sowie gentechnische Impfstoffe, Nukleinsäuren und Proteine für Diagnostik und Therapie gewinnen. Erträge sollen in erster Linie aus Antrags- und Verbundforschung, aus Lizenz- und Know-How-Verträgen und aus staatlichen Zuschüssen kommen. Im Jahr 1990 soll das Unternehmen laut betriebswirtschaftlicher Planung erstmals Gewinn ausweisen.

Entscheidend ist, ob es gelingt, bei Anlegern die rund dreizehn Millionen DM Eigenkapital zu mobilisieren, die die Firma zur Anfangsfinanzierung braucht. Das Geld soll aus der Industrie, von Banken, Brokern, Venture capital-Fonds, Treuhandvermögen und von Einzelanlegern kommen. Gewinn winkt den Investoren einstweilen nicht. Profit werden sie vermutlich frühestens machen können, wenn Progen dereinst Aktien an der Börse ausgeben wird und die Finanziers dann ihre hoffentlich im Wert gestiegenen Anteile verkaufen können.

Die deutschen Venture-Finanziers folgen dem amerikanischen Beispiel. In den USA haben über zweihundert private Investmentgesellschaften und 360 staatlich kontrollierte Small Business Investment Companies derzeit über sieben Milliarden Dollar in innovative Firmen gesteckt. Ihre Geldgeber wiederum sind Privatleute, aber auch Versicherungen, Industrieunternehmen oder Pensionskassen. Allein die über 1300 Firmen, die zwischen 1970 und 1979 aus privaten Wagnis-Fonds finanziert wurden, werden Ende dieses Jahrzehnts voraussichtlich zwei Millionen Leute beschäftigen.

Nicht allein das schöne Gefühl, den technischen Fortschritt der Nation zu fördern, macht die Geldgeber so spendabel. Vielmehr reizt sie die Aussicht auf satte Gewinne. Die Wagnisfonds beteiligen sich auf fünf bis zehn Jahre an einem jungen Unternehmen. Nach Ablauf dieser Frist wird die Beteiligung verkauft – über die Börse oder an industrielle Investoren. Der Wagnisfinanzier verdient also allein am Substanzzuwachs des geförderten Unternehmens.

Daß die Substanz wächst, dafür sorgen die Fonds-Manager. Sie sind ausgefuchste Betriebswirte und haben in der Regel

Erfahrung in den Branchen, in die sie investieren. Sie nehmen die von ihnen geförderten Nachwuchsunternehmer hart an die Kandare. Zudem mischen die Fonds ihre Portfolios so, daß die Risiken breit gestreut sind. In der Regel zieht in einem Fonds ein extrem erfolgreiches Beteiligungsunternehmen zwei Durchschnittsfirmen und zwei Versager mit. Wird eine Beteiligung am Ende aufgelöst, errechnet sich im Schnitt pro Jahr des Engagements eine Rendite zwischen zwanzig und dreißig Prozent.

Kein Risikokapital

Um so erstaunlicher ist, daß es einen Wagniskapitalmarkt in der Bundesrepublik bisher nicht gibt. Das Monopol für Risikofinanzierungen hatte bislang die *Wagnisfinanzierungs-Gesellschaft* in Frankfurt. Das Institut gehört 29 privaten Geschäftsbanken und hat sein Stammkapital von 50 Millionen DM – ein vergleichsweise bescheidenes Sümmchen – seit 1975 in 40 Beteiligungen gesteckt. Mit den amerikanischen Wagnisfonds freilich hatte die Gesellschaft wenig gemeinsam. Private Anleger können sich an ihr nicht beteiligen – zum Glück. Denn in den ersten sechs Jahren ihres Bestehens machte die WFG 32 Millionen Mark Verluste. Als fatal erwies sich, daß ihre Beteiligungen nie länger als fünf Jahre währen durften – wirklich riskante Unternehmen konnten in solch kurzer Zeit gar nicht erfolgreich werden. Die WFG finanzierte zu achtzig Prozent Flops. Auch fehlten der Firma die Eingriffsmöglichkeiten, welche die US-Fonds bei ihren Beteiligungen haben. *Karl-Heinz Fanselow*, seit 1980 Chef der Gesellschaft, ist deshalb auf neuen Kurs gegangen. Künftig werden die Beteiligungen auf längere Dauer eingegangen. Und während früher die Firmeneigner Rückkaufoptionen hatten, die sie meist zum für die WFG ungünstigsten Zeitpunkt ausübten, möchte Fanselow seine Engagements künftig über die Börse lösen oder die Anteile an Dritte verkaufen – so wie es die Amerikaner machen. Daß der neue Weg der Wagnisfinanzierung freilich der Biotechnologie in der Bundesrepublik einen entscheidenden push geben könnte, das ist nach den Aussagen Fanselows zu bezweifeln. Der Finanzier: »Es fehlt hier an innovativen Unternehmern. Es gibt weit mehr Kapital als seriöse Anlagemöglichkeiten. Natürlich kann man sehr schnell eine Milliarde in high technology unterbringen – aber das gibt jede Menge Flops, das kann ich Ihnen sagen.«

Ein Ex-Kollege Fanselows ist freilich entschieden anderer Ansicht. Er meint, daß es genug innovative Unternehmer mit Geldbedarf in der Bundesrepublik gibt. *Thomas Kühr*, einst in Diensten der WFG, will deshalb mit seinem Partner *Klaus Nathusius* den ersten deutschen Venture-capital-Fonds starten. Ohne Namen nennen zu wollen, sagt Kühr, daß er für seinen *Genes-Venture-Capital-Fonds* schon ausreichend Anlagemöglichkeiten aufgetan habe: Projekte aus der Robotertechnik, Computer-Software, aber auch aus der jungen Biotechnik. Das Problem sei indes, Geldgeber zu finden. In der Bundesrepublik habe Genes keine Investoren auftreiben können, zwei Londoner Institute hätten aber vier Millionen DM zugesagt, falls Genes insgesamt zwölf Millionen DM zusammenbekomme. Das war der Stand im Herbst 1983. Kühr war zuversichtlich, es zu schaffen: »Wenn nicht, sind wir weg vom Fenster.«

Deutsche Talente in den USA

Angesichts solcher Risiken und Widrigkeiten ist es kaum ein Wunder, daß etliche deutsche Talente der Biowissenschaften Deutschland den Rücken kehren und ihr Glück lieber gleich in den USA versuchen. Einer von ihnen ist *Axel Ullrich*. Niemand anders als er hat in San Francisco bei *Genentech* jene Bakterien genetisch verändert, die heute für *Eli Lilly* Humaninsulin produzieren – sehr zum Leidwesen des deutschen Konkurrenten Hoechst. Ullrich: »Das Witzige ist, daß überhaupt die ersten wichtigen Schritte zur Anwendung von Deutschen gemacht worden sind – in den USA.« Neben Ullrich war das sein Kollege *Peter Seeburg*, der in San Francisco die genetische Information für das menschliche Wachstumshormon Somatotropin in E. coli-Bakterien eingepflanzt hat.

Wie Axel Ullrich ist auch Peter Seeburg als Post-doc-Stipendiat nach Kalifornien gegangen, um mit den Päpsten der Gentechnik zusammenzuarbeiten. Seeburg hatte zuvor als Assistent am Tübinger Max Planck-Institut für Biologie gearbeitet. Ein Forschungsprojekt mit *Herbert Boyer* von der University of California zerschlug sich zunächst, nachdem Seeburg schon in San Francisco eingetroffen war. Doch zum Glück kam der Deutsche im Labor einer anderen Gen-Größe unter, bei *Howard Goodman* nämlich, der damals ebenfalls in San Francisco arbeitete. Mit den Goodman-Leuten gelang Seeburg die Synthese des *Somatotropin-Gens* und sein Einbau in E. coli-Bakterien – gerade zu einem Zeitpunkt, als Goodman auf Reisen war, wie Seeburg erzählt. Dennoch habe Goodman auf seinen eigenen Namen ein Patent auf die gentechnische Herstellung des Hormons angemeldet.

Seeburg fühlte sich ausgetrickst und verließ verärgert die University of California, um in die Dienste von Genentech zu treten. Er versäumte nicht, Proben der Somatotropin-Bakterien aus dem Universitätslabor mit in die Genfirma zu nehmen. Genentech konnte deshalb sehr schnell die gentechnische Herstellung des menschlichen Wachstumshormons bekanntgeben – schneller auch als Howard Goodman von der California-Universität. Die verfeindeten Forschergruppen zogen mit ihrem Streit um die Patente zunächst vor Gericht, einigten sich schließlich aber in einem Vergleich. Für den entgangenen wissenschaftlichen Ruhm jedenfalls ist Peter Seeburg bei Genentech finanziell reichlich entschädigt worden, ebenso wie sein deutscher Kollege Axel Ullrich. Ullrich verdient dort als »senior scientist« 60000 Dollar im Jahr. Nach vier Jahren gehören ihm zudem zehntausend Genentech-Anteile.

Ullrich: »Nicht einmal für das gleiche Geld würde ich in

Deutschland arbeiten, weil ich hier viel bessere Arbeitsbedingungen habe. An einer deutschen Uni hätte ich vielleicht drei Mitarbeiter gekriegt – hier habe ich zehn in meiner Gruppe.« Sein Urteil über die Aussichten der deutschen Industrie in der Gentechnik: »Ich sehe da schwarz. Die Entwicklung ist wahnsinnig schnell. Das ist es, was die in Deutschland unterschätzen. Die deutschen Großfirmen vertrauen darauf, daß unsere Patente anfechtbar sind. Jedenfalls hat keine von ihnen hier Lizenzen genommen, obwohl sie alle schon hier gewesen sind. Denen wird hier zu hoch gepokert.«

In der Tat sind die Lizenzen der Bio-Boutiquen teuer. Doch *Stephen Cooper Rowe*, Genentech's Marketing-Manager, meint: »Entscheidend in dem Geschäft ist, einen Vorsprung vor der Konkurrenz zu bekommen. Wer dank unserer Lizenz zuerst da ist, hat achtzig Prozent des Marktes – und das ist schon eine ganze Menge Geld wert.«

Hoechst ist selbstbewußt

Der Firma Hoechst droht beim *Humaninsulin*, diese schmerzhafte Lektion schon lernen zu müssen. Gleichwohl lehnt das Unternehmen eine Zusammenarbeit mit Venture capital-Firmen beharrlich ab. *Hans-Hermann Schöne*, Leiter Pharma-Forschung-Biochemie bei Hoechst: »Diese Verbindung von Wissenschaft und Kommerz ist nicht ideal. Auf die Dauer glaube ich nicht, daß das so vereinbar ist, die Aufgabe, wichtige Grundlagenforschung zu leisten und zugleich Unternehmer zu sein.« Hoechst-Forscher *Hansgeorg Gareis* nennt noch einen anderen Grund für die Distanz seines Unternehmens zu den Gen-Labors: »Das, was die können, das können wir selbst.«

Das Hoechster Selbstbewußtsein basiert darauf, daß der Frankfurter Konzern in der Tat in den vergangenen Jahren kräftig in die Gentechnik investiert hat. »Ohne eigene Grundlagenforschung auf diesem Gebiet«, erklärt Hans-Hermann

Schöne, »kann die Industrie nicht existieren. Außerdem stellt sich doch die Frage, ob man jemand anderem zehn Millionen Dollar gibt, damit er seine Firma aufbaut, oder ob man das nicht lieber selber macht. Wir haben jedenfalls früh angefangen, eigene gentechnologische Gruppen aufzubauen.«

Hoechst beschäftigte Anfang 1983 neun Wissenschaftler, die in eigenen Labors mit je vier Mitarbeitern gentechnische Forschung betrieben. Hinzu kamen drei Teams bei der Tochtergesellschaft *Behringwerke* sowie zwei noch im Aufbau befindliche Arbeitsgruppen, die gentechnische Methoden für den Pflanzenschutz untersuchen sollen. Die jährlichen Kosten dieser Labors beziffert die Firma grob mit zehn bis fünfzehn Millionen DM. Zu den Forschungsschwerpunkten von Hoechst gehören Insulin, Interferone, Blutgerinnungsfaktoren, monoklonale Antikörper sowie Zellfusionen mit dem Ziel, in der Antibiotika-Herstellung die Ausbeuten zu erhöhen. In den Förderungslisten des Bundesministeriums für Forschung und Technologie steht Hoechst vor allem mit Projekten zur fermentativen Herstellung von Einzellerprotein und mit der Erarbeitung einer neuen Biotechnik zur Massenproduktion insektenpathogener Viren für die Schädlingsbekämpfung zu Buche.

Bayer und Schering suchen Hilfe

Während Hoechst auf die Zusammenarbeit mit den Bio-Boutiquen von San Francisco und Boston verzichtet, üben zwei andere deutsche Großunternehmen der Chemie- und Pharmabranche, nämlich *Bayer* und *Schering*, derlei Abstinenz nicht. Schering hat in jüngster Zeit zwei Forschungsverträge mit der *Genex Corporation* abgeschlossen. Zum einen soll ein von Genex genetisch manipulierter Mikrobenstamm weiterentwickelt werden, der eine Aminosäure produziert. Zum anderen soll Genex für Schering einen Mikrobenstamm züchten, der Plasmaprotein für die Behandlung von Herzmuskel-Erkrankungen liefert.

Bayer konzentriert sich bei der Zusammenarbeit mit amerikanischen Genlabors auf die Anwendung monoklonaler Antikörper. Für eine nicht näher bezifferte Summe hat der Leverkusener Multi 1982 die Mehrheit der *Molecular Diagnostics Inc.* in West Haven, Connecticut, erworben. Über seine US-Tochtergesellschaft *Miles*, die selber äußerst aktiv in der Biotechnik ist, arbeitet Bayer mit dem Laborunternehmen *Genetic Systems* in Seattle zusammen.

Beide, Bayer und Schering, betreiben zudem, ohne viel Aufhebens davon zu machen, gentechnische Forschung in eigenen Labors. Bayer arbeitet an Enzymen, Plasmafaktoren, Diagnostika und anderen ohne Gentechnik schwer zugänglichen pharmazeutischen Substanzen. Das Bundesforschungsministerium hat zwischen 1980 und 1983 allein dreizehn Millionen Mark Förderungsmittel nach Leverkusen überwiesen, die in die Entwicklung neuer Pflanzenschutzwirkstoffe aus Mikroorganismen flossen.

Insgesamt wendet Bayer derzeit jährlich 150 Millionen Mark für biotechnische Forschung auf, das sind zehn Prozent aller Forschungs- und Entwicklungsausgaben des Unternehmens. »Die Tendenz«, so verkündete der Vorstandsvorsitzende *Herbert Grünewald* Mitte 1983 auf der Hauptversammlung des Unternehmens, »nimmt zu. Wir messen den Möglichkeiten, die sich hier abzeichnen, hohe Bedeutung zu.«

Schering befaßt sich seit 1971 mit Gentechnik. Eine eigene kleine Forschungsgruppe beschäftigte sich zunächst mit der bakteriellen Herstellung von *Insulin.* Freilich sah das Unternehmen auf Dauer keine Chance, als Newcomer auf dem Insulinmarkt gegen *Eli Lilly* oder *Hoechst* zu bestehen. Eine Kooperation mit dem renommierten Münchner Biochemiker *Peter Hans Hofschneider* brach zusammen, als der es vorzog, sich dem Genfer Laborunternehmen *Biogen* anzuschließen. Scherings Gentechnik kam jahrelang nicht so recht vorwärts.

Das soll sich nun ändern. Jährlich will Schering rund fünfzehn Millionen DM in die eigene Genforschung stecken. Ein Drittel davon dient der Finanzierung von fünf eigenen Forschungsgruppen. Ein weiteres Drittel soll dem Ausbau traditioneller Bioverfahren im Unternehmen gewidmet werden. Mit dem letzten Drittel soll zusammen mit dem Land Berlin ein neues Biotechnik-Institut aufgebaut werden.

Bittsteller in Bonn

Hoechst, Bayer und *Schering* sind, soweit das erkennbar ist, die am stärksten in der Gentechnik engagierten deutschen Unternehmen. Die Liste der Interessenten ist aber noch weitaus länger. Allein in den Förderungskatalogen des Bonner Forschungsministers taucht noch ein gutes Dutzend Unternehmen auf, die sich ihre biotechnischen Bemühungen mit staatlichen Subventionen erleichtern lassen. Die wichtigsten:

- die *Linde AG* in Wiesbaden hat sich die Entwicklung einer Anlage für Einzellerprotein aus Ethanol fördern lassen,
- die *Roehm GmbH* in Darmstadt hat für die Gewinnung von Immunoglobulinen und ihren Antikörpern zu therapeutischen und diagnostischen Zwecken kassiert sowie für die Herstellung spezieller Enzyme für Brauprozesse und die völlige Verflüssigung von Obst und Gemüse,
- die Firma *Bioferon* in Laupheim hat für die Herstellung und Erprobung von Interferon zwischen 1980 und 1983 rund vierzehn Millionen Mark Forschungsförderung erhalten,
- *Boehringer Mannheim* hat sich die Erforschung monoklonaler Antikörper mit vier Millionen Mark aus Bonn vergelten lassen,
- die *Saarberg-Interplan Uran GmbH* und die *Uranerzbergbau GmbH* haben mit Mitteln aus Bonn die mikrobielle Laugung von Uranerz erprobt,
- die *Emsland-Stärke GmbH* interessierte sich, vom Forschungsminister unterstützt, für die fermentative Aufbereitung

von Nebenprodukten und hochbelasteten Abwässern der Kartoffel- und Weizenproduktion zur Gewinnung von Einzellerprotein und Alkohol,

- die *Degussa* in Frankfurt ließ sich die Entwicklung von Enzymreaktoren vergüten,
- *Dynamit Nobel* in Siegburg bekam Bonner Hilfe für die Entwicklung neuer Verfahren zur Aminosäure-Gewinnung,
- die *Chemie Grünenthal* schließlich ließ sich ihr Projekt zur mikrobiellen Herstellung von Urokinase fördern, bei dem sie mit *Genentech* in San Francisco kooperiert.

Freilich stützt sich die deutsche Industrie beim Einstieg in die Gentechnik nicht nur auf Hilfe aus Bonn. Gesucht wird vor allem auch der Kontakt zur Wissenschaft. Etliche Firmen unterhalten heute enge Beziehungen zu Forschern an Hochschulen und anderen unabhängigen Forschungseinrichtungen in der Bundesrepublik und dem Ausland. Scherings Plan, zusammen mit dem Land Berlin ein neues gentechnisches Forschungszentrum für achtzig Millionen DM aufzubauen, wurde schon erwähnt. Das Institut soll von einem Hochschullehrer geleitet werden, der mit dreißig Mitarbeitern molekularbiologische Grundlagenforschung betreiben soll. Schering läßt sich das Vorhaben in den nächsten zehn Jahren vierzig Millionen DM kosten und bekommt im Gegenzug ein Optionsrecht auf die ökonomische Verwertung der im Institut erarbeiteten Ergebnisse. Schering-Konkurrent Hansgeorg Gareis von Hoechst urteilt neidlos: »Eine aufregende Sache. Wenn das funktioniert, wird es eine ziemliche Konkurrenz geben um gute Leute in Deutschland.«

Auch *Bayer Leverkusen* hat längst seine Drähte zu den Grundlagenforschern gezogen. Drei Jahre lang bekommt das Max Planck-Institut für Züchtungsforschung in Köln jährlich 800000 DM aus der Bayer-Kasse. Dafür erwirbt der Chemie-Konzern das Recht, eigene Leute an dem Institut schulen zu lassen, das in der Pflanzengenetik weltweit keinen Vergleich zu scheuen braucht. Eine ähnliche Kooperation unterhält Bayer mit dem Institut für Genetik an der Kölner Universität. Doch nicht nur auf deutsche Wissenschaftler setzt der Leverkusener Konzern. Mit Bayer-Geldern arbeiten der Bakterien-Genetiker *Young* an der Universität Rochester und Professor *Colton* am *Massachusetts Institute of Technology*. Alles in allem läßt Bayer sich die Förderung der akademischen Forschung schätzungsweise zwölf Millionen DM im Jahr kosten.

Bescheidener geht die BASF in Ludwigshafen zur Sache, die von den drei großen deutschen Chemiekonzernen wohl am zurückhaltendsten im Gen-Geschäft verfährt. Aber auch die Ludwigshafener Manager verzichten nicht darauf, sich mit Zuwendungen an Hochschulen den Zugang zur Grundlagenforschung zu sichern. Auf zehn Jahre fördert die BASF die molekularbiologische Forschung an der Heidelberger Universität mit zehn Millionen DM.

Hoechst geht fremd

Die Bereitschaft der Industrie, Geld in die gentechnische Hochschulforschung zu stecken, aber auch umgekehrt die Bereitschaft der Universitäten zur Kooperation mit der Industrie sind sehr beflügelt worden durch eine spektakuläre Aktion der *Hoechst AG*. Vor zwei Jahren schockte der Frankfurter Konzern das deutsche Publikum mit der Nachricht, daß er einem amerikanischen Forscher fünfzig Millionen Dollar schenke. Mit dem Geld soll der renommierte Harvard-Professor *Howard Goodman* am *Massachusetts General Hospital* in Boston eine Abteilung für Molekularbiologie aufbauen und betreiben. Hoechst sichert sich damit Erstverwertungsrechte an Goodmans Forschungsergebnissen sowie die Möglichkeit, Hoechst-Wissenschaftler in Boston schulen zu lassen.

Hoechsts amerikanischer Seitensprung löste sowohl in Deutschland wie auch in den Vereinigten Staaten allerhand

Entrüstung aus. In der Bundesrepublik fragten sich Wissenschaftler und staatliche Forschungsförderer gekränkt, ob denn ein deutsches Unternehmen ausgerechnet amerikanische Forscher unterstützen, die deutschen Universitäten aber darben lassen müsse. In der molekularbiologischen Forschung, so klagte der Heidelberger Gen-Pionier *Ekkehard Bautz*, werde die Kluft zwischen den USA und der Bundesrepublik immer größer: »Die Firma Hoechst hat ihr Scherflein dazu beigetragen, diese Entwicklung zu beschleunigen.«

In den USA dagegen wurde die Befürchtung laut, der deutsche Chemie-Multi könne mit seinen Millionen amerikanisches know how kaufen, dessen Entwicklung mit den Steuergeldern der US-Bürger finanziert worden sei. Der Kongreß-Abgeordnete *Albert Gore* forderte massiv, daß amerikanische Institutionen, die mit öffentlichen Mitteln gefördert seien, gefälligst die amerikanische Industrie und keine ausländische unterstützen sollten. Hoechst taktierte ungeschickt: Die Firma weigerte sich zunächst, einem Kongreß-Unterausschuß ihren Vertrag mit dem Massachusetts General Hospital zu zeigen, weil er unter das Geschäftsgeheimnis falle. Als man dem hartnäckigen Drängen von Gore und dem *General Accounting Office* dann doch nachgab, zeigte sich, daß es mit dem Know-how-Piratentum so weit denn wohl nicht her war.

Denn was von außen wie ein entschlossener Aufbruch in die biotechnische Zukunft aussieht, ist bei näherem Hinsehen so großartig nicht. Die spektakuläre Verbindung war nicht einmal eine Idee der Hoechst-Manager. Die Initiative ging von Howard Goodman aus.

Und auf die Frage, welche handfesten Ergebnisse Hoechst bisher aus seiner *Boston Connection* habe ziehen können, antwortet Goodman trocken: »Zero.« Hoechsts Hansgeorg Gareis stellt klar: »Boston ist für uns keine Patentfabrik. Uns ist wichtig, daß unsere Leute dem Grundlagenforscher über die Schulter sehen können.«

Leider kiebitzt die Konkurrenz kräftig mit. Auch der amerikanische Chemieriese *DuPont* hat sich der *Harvard Medical School* – Goodmans Hospital ist deren Lehrkrankenhaus – gegenüber spendabel gezeigt und fünfzehn Millionen DM gestiftet. Hoechsts Aussichten, von den amerikanischen Wissenschaftlern genauso gut bedient zu werden wie die US-Industrie, schätzt der Heidelberger Molekularbiologe Ekkehard Bautz, nicht ganz frei von Neid, skeptisch ein: »Wer sich nach Übersee orientiert, hat aufgrund der Distanz einfach nicht den Zugriff.« Bei Hoechsts Nebenbuhler DuPont in Wilmington, Delaware, sieht man das auch so. Laborchef *Bill Riley* zu der Frage: »Per Telefon ist das wohl nicht zu machen.«

8 Juristen gegen Genies

Die Zeiten, in denen die Molekularbiologen ihr Wissen freizügig an andere weitergegeben haben, sind seit ein paar Jahren passé. Seit sicher ist, daß mit gentechnischem know how viel Geld zu verdienen ist, seit Big Business seine Hände nach den Reagenzgläsern und Petrischalen der Bioforscher ausgestreckt hat, sind Patente für die Wissenschaftler zumindest ebenso wichtig geworden wie Publikationen.

Schon laufen vor amerikanischen Gerichten die ersten Prozesse, in denen Forscher sich ihre Anteile an gentechnischen Entdeckungen streitig machen. Schon wurde auch das oberste Bundesgericht, der Supreme Court, bemüht herauszufinden, ob die elementaren Vorgänge des Lebens überhaupt patentierbar sind. Und schon lauert ein Heer von Advokaten startbereit darauf, den Wissenschaftlern, Universitäten und kleinen Forschungsfirmen ihre Patente streitig zu machen – zum Nutzen und im Auftrag der Großindustrie.

Der Molekularbiologie als Wissenschaft kann all das nicht gut bekommen. Sie ist auf den freien Fluß der Informationen angewiesen. Hätten *Herbert Boyer* und *Stanley Cohen* damals am Abend eines langen Kongreßtages in Waikiki beim Dinner in einem Feinschmeckerlokal nicht offen über ihre Arbeit miteinander geredet – die Übertragung von Genen zwischen unterschiedlichen Organismen mittels der Plasmid-Technik wäre vielleicht nie von den beiden entwickelt worden.

Doch just um dieses Verfahren entbrannte eine der ersten Patentauseinandersetzungen in den Vereinigten Staaten. Eigentlich hatten die beiden Forscher nie daran gedacht, ihr Wissen patentieren zu lassen. Doch *Niels Reimers*, Lizenzexperte an *Stanley Cohens Stanford University*, überredete die Wissenschaftler am Ende doch dazu. Cohen und Boyer traten ihre eventuellen Einkünfte aus Lizenzen an ihre Universitäten ab.

Eine Woche vor Ablauf der Anmeldefrist beantragten die *Stanford University* und die *University of California* 1974 beim US-Patentamt eine Lizenz auf Cohens und Boyers *»Prozeß zur Herstellung biologisch funktionaler molekularer Chimären«*. Grundlage der Patentschrift war eine ein Jahr alte Veröffentlichung der Wissenschaftler in den *Proceedings of the National Academy of Sciences*, in der die erfolgreiche Herstellung und Replikation eines Plasmids beschrieben wurde, das Antibiotika-Resistenzen in E. coli-Bakterien übertragen konnte.

Nur – an dem Aufsatz hatten auch Boyers und Cohens Kollegen *Annie Chang* und *Robert Helling* mitgearbeitet. Beide, so schrieb es das Patentrecht vor, hätten auf ihre Ansprüche erklärtermaßen verzichten müssen, damit Cohen und Boyer, beziehungsweise ihre Universitäten, das Patent bekamen. Helling war dazu nicht bereit. Sein Argument: »Nach meinem Gefühl hatten wir alle den gleichen Anteil an der Erfindung. Ich war nicht bereit, etwas zu unterzeichnen das besagte, ich sei nur irgendeine Hilfskraft im Labor gewesen.«

Tatsächlich gab Stanley Cohen später einmal zu: »Wissenschaftliche Fortschritte so wie der, an dem wir beteiligt waren, sind in der Tat das Ergebnis einer Vielzahl von Entdeckungen, an denen eine ganze Reihe einzelner Leute über einen langen Zeitraum hinweg beteiligt sind.« Das Problem sei halt nur, die Bedeutung jedes einzelnen Beitrags richtig zu bewerten. Das Problem mit Helling wurde schließlich gelöst, doch ihr Patent hatten Cohen und Boyer damit längst noch nicht, weil das Patentamt zunächst bezweifelte, daß auf Lebensprozesse überhaupt Patente ausgegeben werden könnten.

Entzündet hatten sich die Zweifel der Patentbehörde an einem anderen Fall. Im Jahr 1971 hatte der indische Genetiker *Ananda Mohan Chakrabarty* in den Labors von *General Electric* in Schenectady, New York, mit der Entwicklung eines Bakteriums begonnen, das Rohöl fressen konnte. Der Organismus sollte eingesetzt werden, um aus leckgeschlagenen Tankern ausgelaufenes Rohöl auf dem Meer zu beseitigen. In der Natur gab es zwar schon eine ganze Reihe von Bakterien, die alle unterschiedliche Kohlenwasserstoffe des Öls verdauen konnten. Der Nachteil war allerdings, daß die Biester einander nicht leiden mochten, also nicht zusammen zur Ölpest-Bekämpfung eingesetzt werden konnten.

Chakrabarty gelang es, das Erbmaterial verschiedener dieser Bakterien zu verschmelzen, ohne daß er freilich genchirurgische Methoden im engeren Sinn einsetzte. Das Ergebnis seiner Tüftelei war eine ölverschlingende Superbakterie – *Pseudomonas aeruginosa.* Verwendbar war die Mikrobe freilich noch nicht, denn, so befürchtete Chakrabarty, »wenn die Bakterien in Wasser ausgesetzt würden, hätte jedermann hingehen, sich einen Teelöffel voll davon nehmen und seine eigene Kultur ansetzen können«. General Electric meldete die Mikrobe und das Verfahren zu ihrer Herstellung deshalb 1972 zum Patent an. Das Patentbüro aber vergab das Patent nur auf das Verfahren zur Herstellung der Bakterien, die Mikrobe selbst wurde nicht patentiert, weil lebende Materie nach Ansicht des Amtes nicht patentierbar war.

Die Auseinandersetzung über diese Frage ging den Instanzenweg bis zum Supreme Court. Acht Jahre lang hatte die Fachwelt Zeit, über die Patentierbarkeit des Lebens zu philosophieren. Der Court of Customs and Patent Appeals, vorletzte Instanz in dem Verfahren, urteilte zum Beispiel schlicht, daß Mikroorganismen »industrielle Werkzeuge« seien, belebte Materie sei »im großen und ganzen nichts anderes als Chemie«.

Kritiker warfen dem Gericht vor, daß es damit die Tür zu Privatbesitz und privater Kontrolle am Evolutionsprozeß schlechthin geöffnet habe. Die *People's Business Commission* zum Beispiel, eine Forschungs-Organisation in Washington, fand: Um Patente auf lebende Organismen zu rechtfertigen, muß man schon der Ansicht sein, daß Leben eben keine ›vitale‹ oder irgendwie heilige Qualität habe; daß alle Eigenschaften des Lebens schlicht aufs Chemophysikalische reduziert werden können. Wenn Patente auf Mikroorganismen gewährt werden, dann gibt es keine wissenschaftliche oder gesetzliche Definition des Lebens mehr, die ausschließen kann, daß Patente künftig auch auf höhere Formen des Lebens beansprucht werden können.«

Die Verteidiger der Patentierbarkeit von Mikroorganismen fanden dagegen, daß die moderne Biologie den Unterschied zwischen beseelter und toter Materie so weit aufgehoben habe, daß das Konzept des Lebens im streng legalistischen Sinn obsolet geworden sei. War dem so, dann gab es keinen Grund, Patente auf das Leben zu verweigern. In der Tat begründete Richter Rich vom Appeal's Court seine Entscheidung so: »Wir sehen keinen vernünftigen Grund mehr, einen Unterschied zwischen dem Lebenden und dem Toten zu machen. Wir sehen keinen vernünftigen Grund, den Mikro-Organismen selbst den Patentschutz zu verweigern – sie sind Werkzeuge, die von Chemikern genauso genutzt werden wie chemische Elemente und Verbindungen. Wenn sie die Bedingung erfüllen, neu zu sein und wirklich erfunden zu sein, sind sie auch patentierbar.«

Der Generalstaatsanwalt, der die Entscheidung des Appeal's Court anfocht, mochte sich auf philosophische Erörterungen erst gar nicht einlassen. Er wollte lediglich durchsetzen, daß eine Entscheidung von so großer Reichweite nicht von Richtern, sondern vom Kongreß gefällt würde. Schon früher nämlich hatte die Volksvertretung einmal ein ähnliches Problem lösen müssen. In den zwanziger Jahren hatten Pflanzenzüchter sich um Patente für neuartiges Saatgut bemüht. Pflanzen fielen damals nicht unter das Patentrecht. 1930 verabschiedete der Kongreß den *Plant Protection Act*, in dem die patentierbare Materie so neu definiert wurde, daß bestimmte nicht geschlechtlich vermehrbare Pflanzen unter Patenschutz kommen konnten.

In jenem Gesetz hatte der Kongreß sich wörtlich auf »any new and useful ... manufacture and composition of matter« bezogen. Der Supreme Court legte dies im Chakrabarty-Fall mit einer Fünf-zu-vier-Entscheidung so aus, daß damit keine Unterscheidung gemacht worden war zwischen belebten und unbelebten Dingen, sondern zwischen Produkten der Natur – belebt oder nicht – und vom Menschen hervorgebrachten Erfindungen. Unter der Nummer 4.259.444 wurden Chakrabartys ölhungrige Bakterien im März 1981 patentiert.

Stanford vergibt Lizenzen

Für Chakrabarty allerdings kam die Entscheidung zu spät. Sein Auftraggeber, *General Electric*, hatte nämlich inzwischen entschieden, nicht weiter in die ölsüchtigen Mikroben zu investieren. Denn ihr Einsatz als Helfer bei Ölkatastrophen allein wäre ökonomisch nicht lohnend gewesen. Profit hätten sie nur gebracht, wenn man sie hätte den Rohstoff Öl in Protein umwandeln lassen, das als Viehfutter verwertbar ist. Doch in den vielen Jahren der gerichtlichen Auseinandersetzungen war der Ölpreis soweit gestiegen, daß ein solches Verfahren nicht mehr lohnend gewesen wäre.

Den Profit aus dem Chakrabarty-Prozeß zogen andere. Als das Urteil des Supreme Court erging, lagen Hunderte von Patentanträgen blockiert beim US-Pantentbüro. Jetzt war der Weg frei für sie. Die ersten, die ein Patent bekamen, waren niemand anders als *Stanley Cohen* und *Herbert Boyer*. Unter der Nummer 4.237.224 wurde ihrem grundlegenden Verfahren der Gen-Übertragung mit Plasmiden Patentschutz gewährt.

Sofort machte sich die Stanford University daran, das Patent zu verwerten. Wer immer wollte, konnte auf das Verfahren eine Lizenz nehmen. Die Lizenz war nicht exklusiv, weil die Universität keinem Wirtschaftsunternehmen einen Startvorteil geben wollte. Dafür waren wiederum die Konditionen günstig. Die Lizenzgebühr betrug 10000 Dollar bei Unterschrift sowie weitere 10000 Dollar für jedes Jahr der Lizenzdauer. Auf Gewinne, die ein Unternehmen dank der Lizenz machen würde, mußten Royalties zwischen einem halben und einem Prozent gezahlt werden. Lizenznehmern, die bis zum 15. Dezember 1981 unterschrieben, wurden gewisse Vergünstigungen gewährt.

Über siebzig Firmen nahmen die Lizenz von Stanford, unter ihnen fast alle großen amerikanischen Pharmafirmen und fast alle der neugegründeten Gentechnik-Labors. Aus der Bundesrepublik waren die Chemie- und Pharmariesen *Hoechst*, *Bayer* und *Schering* dabei. Etliche wichtige Firmen mit bekanntem Interesse an der Gentechnik verzichteten aber auf die Stanford-Lizenz. Unter ihnen die britische ICI, aus Frankreich *Rhône-Poulenc* und *Roussel Uclaf* und aus der Bundesrepublik die BASF in Ludwigshafen. Die Motive der Lizenz-Abstinenzler waren weitgehend die gleichen: Sie glauben entweder nicht an die Patentierbarkeit von Lebensprozessen oder – wichtiger noch – sie sind davon überzeugt, daß das Stanford-Patent sich umgehen oder mühelos juristisch anfechten läßt.

Die Stanford University ist auf alles gefaßt. Aus ihren Lizenzeinnahmen hat sie eine Kriegskasse von 200000 Dollar gebildet, aus der juristische Auseinandersetzungen finanziert werden sollen. Noch hat niemand das Stanford Patent attackiert. Doch die Wahrscheinlichkeit dafür wächst parallel zu den Umsätzen im Bio-Business.

Advokaten auf der Lauer

Schon spezialisieren sich Anwaltskanzleien in New York und San Francisco auf die neuen Aspekte des Patentrechts – eine Entwicklung, die einen Manager schon zu der Bemerkung veranlaßte, nicht die Neukombinierung von DNA-Strängen berge die eigentliche Gefahr der Gentechnik, sondern allenfalls die Neukombinierung von Forschern und Advokaten. In der Branche gilt der New Yorker Anwalt *Leslie Misrock* als einer der ersten, die im Auftrag eines Großunternehmens mit juristischer Gewalt nach dem Stanford-Patent greifen könnten. Noch, so vertraute er der *New York Times* an, habe er keine Klageschrift formuliert, aber: »Wir haben mit der Prüfung von Stanfords Patentansprüchen begonnen.« Misrock hat bereits früher für den Schweizer Pharma-Multi *Hoffmann-La Roche* gearbeitet. Ergänzt der Anwalt: »Unsere Klienten haben uns gebeten festzustellen, wie stark Stanfords Patent ist. Aber wir haben noch keinen Auftrag, einen Prozeß anzustrengen.«

Doch dieser Auftrag wird so sicher kommen wie das Amen in der Kirche. Denn die Chancen, daß der Angreifer gewinnt, sind nur allzu gut. Generell halten drei von vier Patenten in den USA juristischen Attacken nicht stand. Und das Stanford-Patent scheint besonders dürftig formuliert zu sein.

Schon hat die Stanford University eine empfindliche Niederlage in Patentfragen hinnehmen müssen. Denn nachdem das Patent für Boyers und Cohens Technik der Genübertragung gewährt war, hat die Universität versucht, ein zweites Patent auf die von den beiden Genpionieren bei ihrem Verfahren eingesetzten Plasmide zu bekommen. Das Patentbüro hat das zurückgewiesen.

Herbert Boyer, mit Bakterien wohlvertraut, nicht aber mit den Tücken des Patentrechts, hatte im Oktober 1973 auf der *»Gordon-Konferenz über Nukleinsäuren«* in einem Referat das Plasmid-Verfahren beschrieben. Am 25. Oktober erschien darüber ein Bericht im *New Scientist* – mithin war dies das Datum der Erstveröffentlichung. Der Patentantrag wurde genau ein Jahr und eine Woche nach diesem Termin gestellt. Das war exakt eine Woche und einen Tag zu spät. Stanfords einzige Chance wäre nun nachzuweisen, daß der Zeitschriftenartikel das Verfahren nicht ausreichend detailliert beschrieb.

Doch sogar wenn das gelänge, stünde die Sache der Universität schlecht. Denn gegen ihre Patentschrift selbst erhebt das Patentbüro den Vorwurf, daß sie die Behandlung der Plasmide nicht so akkurat schildere, daß andere Techniker das Verfahren wiederholen könnten. Ferner komme das Verfahren der Plasmidveränderung und -übertragung auch in der Natur vor, sei also gar keine menschliche Erfindung, könne also auch nicht patentiert werden.

Was gegen Stanfords zweiten Patentantrag gilt, könnte eines Tages auch gegen das schon gewährte erste Patent juristisch ins Feld geführt werden. Die Frage ist nur noch, wann dieser Tag kommt.

Schutzlos gegen Nachahmer?

Aber auch wenn Stanfords Basispatent den Attacken der Advokaten standhalten würde, die Großindustrie hätte wohl keine Mühe, das Patent zu umgehen. Wie will die Universität beweisen, daß etwa Insulin von einer Pharmafirma nach Methoden hergestellt wird, die durch das Universitätspatent geschützt sind. Eine Hausdurchsuchung bei dem verdächtigen Unternehmen hülfe wenig. Alles, was in den Labors und Produktionshallen zu sehen wäre, wären Kessel aus rostfreiem Stahl, in denen Mikroben brüten. Ob der Mikrobenstamm ursprünglich nach Stanford-Methoden geschaffen wurde, wäre unmöglich zu beweisen.

Patentierte Verfahren in der Biotechnik zu schützen, ist sehr schwierig, weil gar nicht mehr zu übersehen ist, wer alles an welchen Projekten und in welchen Variationen arbeitet. Hunderte von Firmen – auch Stanfords Lizenznehmer – treiben unter strikter Verschwiegenheit ihre eigene gentechnische Forschung. Sie halten es für wenig sinnvoll, ihre Resultate zu veröffentlichen und durch Patente schützen zu lassen. Sie behalten ihre Fertigkeiten lieber als Betriebsgeheimnisse für sich, um dann ein fertiges Produkt mit vehementem Marketing und großem Vorsprung vor der Konkurrenz zu verkaufen. Das Beispiel gibt ihnen die *Coca Cola Company* – sie hat die Formel für ihr Gebräu nie verraten und verdient seit Jahrzehnten daran. Ein Patent hätte ihr Geschäft in den USA auf nicht mehr als siebzehn Jahre gesichert.

Gegen die Strategie, auf Patente zu setzen, sprechen auch die Lehren aus der Mikroelektronik – freilich auch gegen jegliche Heimlichtuerei. Die Industrie verdankt ihren Erfolg nicht unwesentlich der Tatsache, daß Innovationen relativ großzügig zwischen den Unternehmen ausgetauscht wurden. Die Genindustrie, so fordern etliche Branchenbeobachter, täte gut daran, nach dem gleichen Muster zu verfahren.

Konflikt um KG – 1

Doch einstweilen scheint eher der Konflikt als die Kooperation die Nährlösung zu sein, in der die wachsende Biobranche sich wohlfühlt. Den bisher schärfsten Zwist haben *Hoffmann-La Roche* und *Genentech* auf der einen Seite mit der *University of California* auf der anderen Seite ausgetragen. Gegenstand des Streits war eine Zellkultur, welche die Uni-Forscher *David N. Golde* und *H. Philip Koeffler* 1978 angelegt worden war. Sie hatten einem todkranken Leukämie-Patienten in Los Angeles Knochenmark entnommen und daraus eine Zell-Linie kultiviert, die sie nach ihren Initialen KG-1 nannten.

Bald bat sie *Robert Gallo*, Krebsforscher am amerikanischen *National Cancer Institute* in Bethesda, Maryland, um eine Probe der Kultur, die er auf Viren untersuchen wollte. Nach guter

Forschermanier folgte man dem Wunsch des Kollegen. Gallo entdeckte sodann, daß KG-1 *Interferon* produzierte. Nach kurzer Zeit gab er die Probe, ohne Arg, an einen weiteren Kollegen ab: *Sidney Pestka*, der am *Roche Institute of Molecular Biology* arbeitete. Das Institut wird von Hoffmann-La Roche finanziert. Ehe Gallo die Probe weiterreichte, holte er sich telefonisch Goldes Erlaubnis ein.

Hoffroche-Forscher Pestka nun manipulierte die KG-1-Zellen zu Superproduzenten von Interferon. Von Pestka wanderte die Kultur weiter zu Genentech in San Francisco. Die Forscher dort entschlüsselten dank der Probe den Aufbau des Interferon-Gens. Anschließend schleusten sie ein solches Gen in E. coli-Bakterien ein – sehr zur Freude ihres Auftraggebers Hoffmann-La Roche, der sich vom Interferon-Geschäft viel verspricht.

Die KG-1-Lieferanten Koeffler und Golde sollten leer ausgehen, worauf die University of California Hoffroche auf Rückgabe der Kulturen und Zahlung von Lizenzgebühren verklagte. Der Schweizer Konzern schlug mit juristischen Mitteln zurück.

Die Forscher werden geizig

Spätestens seit der KG-1-Affäre ist der unbefangene Umgang der Genforscher miteinander nachhaltig gestört. Statt Informationen und Proben frei fließen zu lassen, behalten die Wissenschaftler ihre Kenntnisse lieber für sich. *Jonathan King*, Biologe am *Massachusetts Institute of Technology:* »Früher wurden die Organismen frei zwischen den Forschern ausgetauscht. Aber jetzt, wo man einen Stamm patentieren lassen kann, werden die Organismen nicht eher herausgerückt, bis das Patent gewährt ist.«

Mark Ptashne von der *Harvard University* erzählte dem Reporter des Wissenschaftsmagazins *Nature*: »Es fällt einem schwer, an seine Studenten noch hohe Ansprüche zu stellen, wenn man sieht, was vorgeht.« Manche Kollegen achteten inzwischen weniger auf den wissenschaftlichen Wert ihrer Arbeit als darauf, ihre Veröffentlichungen so zu formulieren, daß sie auch als Patentanträge Gültigkeit hätten.

Die sympathische Schusseligkeit von *Cesar Milstein* und *Georges Köhler* will sich jedenfalls niemand mehr leisten. Die beiden Biologen entwickelten 1975 in den Labors des *Medical Research Council* im britischen Cambridge die Technik zur Herstellung der wirtschaftlich äußerst interessanten monoklonalen Antikörper. Mit erstaunlichem Geschick fusionierten Milstein und Köhler eine normale Lymphozyten-Zelle mit einer Krebszelle. Die Hybridzelle erbte die Eigenschaften ihrer Eltern: Von der Krebszelle die Fähigkeit, sich rapide und endlos zu vermehren – von der Lymphozyten-Zelle die Fähigkeit, einen einzelnen, reinen Antikörper zu produzieren.

Gar kein Geschick bewiesen die Forscher dagegen in der Patentfrage. Sie beantragten nicht nur keinen Patentschutz, Milstein gab sogar getreu der wissenschaftlichen Tradition des freien Austauschs von Forschungsergebnissen Proben der Hybridoma-Zellen an Kollegen weiter. Die einzige Auflage, die er machte: Die Kollegen sollten keine Patente anmelden, die sie dem Besitz der Hybridoma-Zellen zu verdanken hätten, und sie sollten die Kulturen nicht an Dritte weitergeben.

Dem Wissenschaftsmagazin *Science* gestand Milstein später: »Wir waren einfach zu grün und unerfahren in diesen Patentfragen. Wir haben uns nur um die wissenschaftlichen Aspekte gekümmert und wir haben nicht einen einzigen Gedanken an die kommerziellen Anwendungen verschwendet.«

So ehrenwert Milsteins Verhalten vom wissenschaftsethischen Standpunkt aus war – ökonomisch war es fatal. Denn während Milstein Millionen verschenkt hatte, ließen sich die amerikanischen Forscher *Hilary Koprowski* und *Carlo Croce* vom *Wistar Institute* in Philadelphia am 23. Oktober 1979 ein Patent auf die Herstellung monoklonaler Antikörper ausstellen – vier Jahre nach der Entdeckung von Milstein und Köhler.

9 Die letzte Lektion

Ob durch Lizenznahmen, ob durch juristische Patentkriege oder ob durch massive eigene Forschungsanstrengungen – wenn die deutsche Industrie ihre Chance in der biologischen Zukunftsindustrie wahren will, muß sie versuchen, in der Bundesrepublik ein ähnlich wirksames Geflecht von akademischer Forschung, risikofreudiger Finanzierung und industrieller Produktorientierung entstehen zu lassen, wie es für die USA so typisch ist. Ein anderer Spätstarter in der Gentechnik führt gerade eindrucksvoll vor, wie eine erfolgversprechende Strategie in der globalen Konkurrenz um die Biotechnologie aussehen kann. Dieser Konkurrent heißt *Japan.*

Bezeichnend ist, daß der japanische Pharma-Multi *Green Cross* das erste Unternehmen war, das eine Gentechnik-Lizenz der Stanford University genommen hat. Aus gutem Grund: Den Asiaten fehlte bis vor kurzem vor allem Grundlagenwissen in der Gentechnik. Um so schneller holen sie nun den Rückstand auf.

Jede nur halbwegs interessante Mikroben-Firma in den USA hat mittlerweile japanische Kunden. Axel Ullrich, der deutsche Forscher bei Genentech in San Francisco: »Die Japaner gehen erheblich aggressiver an die Sache ran als die deutsche Industrie. Sie zahlen fast jeden Preis für know how. Erst steigen sie in Kooperationen ein, dann kopieren sie die Verfahren. Als die Gentechnik aufblühte, waren sehr schnell japanische Wissenschaftler in den US-Labors. Und die bleiben nicht hier, die gehen zurück nach Japan.«

Füllen die Japaner ihre Lücke in der Basisforschung, werden sie in der Biotechnik schwer zu schlagen sein. Denn nirgendwo auf der Welt haben die Unternehmen soviel Erfahrung mit den herkömmlichen biologisch-industriellen Prozessen wie in

Japan. Etliche japanische Lebensmittelspezialitäten wie Sake, Miso oder Shoyu sind Erzeugnisse von Fermentationsprozessen. Nippons Nahrungsmittelindustrie beherrscht deswegen großindustrielle Gärungsverfahren perfekt. Und wenn Japan in der Biotechnik nur annähernd so erfolgreich sein wird wie in der Autoindustrie oder in der Mikroelektronik, dann, so urteilt der Ökonomieprofessor *Gene Gregory* von der Tokyoter *Sophia University*, werden die Asiaten international alle Konkurrenten an die Wand drücken.

Die Patentbilanzen sprechen heute schon eine deutliche Sprache. Von 1977 bis 1980 kamen bereits 142 biotechnische Patente aus Japan, aus den USA waren es 39, aus der Bundesrepublik gerade neun. Eine eher zurückhaltende Schätzung sagt, daß der Produktionswert der Biotechnik 1980 in Japan schon auf fünfzig Millarden Dollar kam – das waren immerhin fünf Prozent des Bruttosozialprodukts.

Schon 1956 zum Beispiel hat die *Kyowa Hakko Kogyo Company* die fermentative Herstellung von Aminosäuren aufgenommen. Heute ist Japan bei diesen Produkten führend. Das gleiche gilt für die Herstellung von Antibiotika und mikrobiellen Enzymen. Von den elf neuen Antibiotika, die 1979 weltweit auf den Markt kamen, stammten sieben aus japanischen Labors. In der Entwicklung neuer Pharmazeutika ließen sich die Japaner 1980 nur von den Amerikanern übertreffen. Gene Gregory schätzt, daß der Vorsprung der Japaner vor dem Rest der Welt in traditionellen Biotechniken zehn Jahre beträgt.

Ende der sechziger Jahre schon hat das Pharmaunternehmen *Tanage Seiyaku* die Technik der immobilisierten Enzyme eingeführt, ein Verfahren, das in den Großunternehmen anderer Industrieländer erst jetzt zum Einsatz kommt. Bei dieser Technik werden Enzyme, die Reaktionen in chemischen und biologischen Prozessen beeinflussen, nicht einfach in die zu verändernden Substanzen gegeben, aus denen sie dann nur schwer wieder zu entfernen sind. Vielmehr werden die Enzyme fest an Kunststoffe gebunden, so daß sie leicht aus den Reaktionsflüssigkeiten zu entfernen und wieder einsetzbar sind. Da Enzyme teuer sind, hat Tanage Seiyaku die Kosten der betroffenen Produktionen um vierzig Prozent senken können.

Die MITI-Strategie

Nicht weniger als 113 japanische Großunternehmen unterhalten biotechnische Aktivitäten, 26 von ihnen untersuchen moderne gentechnische Methoden, 49 haben die Absicht bekundet, das bald ebenfalls zu tun. Anders als in den Vereinigten Staaten, wo die kleinen Laborfirmen von Boston und San Francisco die treibenden Kräfte im Bio-Boom sind, haben sich in Japan die großen Konglomerate der neuen Techniken angenommen. Innerhalb des Unternehmerverbandes *Keidanren* haben sich siebzig größere Unternehmen zum *Life Science Council* zusammengeschlossen, die meisten von ihnen Nahrungsmittel-, Chemie- und Pharmakonzerne. Dieser Club bildet zusammen mit dem *Ministerium für Internationalen Handel und Industrie* (MITI) eine schlagkräftige Einheit, die Japans Position auf dem Weltmarkt für Bioprodukte sichern soll.

Vor zwei Jahren bündelte das MITI unter Führung der *Technical Research Association* die Forschungsabteilungen der vierzehn führenden Chemie- und Pharmakonzerne zusammen. Bis 1990 sollen sie vom Staat 260 Millionen Mark für biotechnische Experimente bekommen. Ein Vielfaches der Summe wenden die Unternehmen vermutlich aus eigenen Kassen auf. Als Ergebnis sollen dreißig Prozent der energieintensiven, ölabhängigen Verfahren in der Chemie durch biologische Prozesse ersetzt werden.

Die MITI-Strategie deckt drei Felder ab: Die Entwicklung von Bioreaktoren, den industriellen Einsatz von Zellkulturen und die Förderung der DNA-Techniken im engeren Sinn. Wie praxisnah der Plan angelegt ist, zeigt die Tatsache, daß der größte Teil der Fördermittel in die Entwicklung der Reaktoren, also in die eigentlichen Herstellungsverfahren gelenkt wird.

Von Japans Großen der Pharma-, Chemie- und Nahrungsmittelindustrie fehlt keiner in der Liste der MITI-Subventionsempfänger. *Takeda Chemical* ist Nippons führendes Pharmaunternehmen. Durch Zusammenarbeit mit dem Schweizer Pillenmulti *Hoffmann-La Roche* und *Genentech* in San Francisco hat Takeda sich fit gemacht für die Herstellung von Interferon. Die *Green Cross Corporation*, Japans zweiter Medikamenten-Riese, hat durch technische Kooperation mit *Genex* und *Collaborative Research* in den USA an der Entwicklung von Serumalbumin und Interferon gearbeitet. *Mochida Pharmaceutical* hat beim Interferon zunächst mit dem US-Konzern *Searle* zusammengearbeitet, dann aber die Liaison aufgegeben und allein weitergemacht.

Von den großen Chemiekonzernen hat sich *Mitsubishi Chemical Industries* am entschiedensten auf die neue Biotechnologie geworfen. Rund 200 Wissenschaftler sollen am *Mitsubishi Kasei Institute of Life Science* vor allem Gen-Methoden zur Herstellung von Medikamenten und Massenchemikalien entwickeln. In der Grundlagenforschung hat das Institut wichtige Erkenntnisse über Enzyme für die Genchirurgie und über hitzeresistente Bakterien beigesteuert. Mit Genentech hat Mitsubishi Chemical ein Gemeinschaftsunternehmen zur Herstellung von Serumalbumin gegründet.

Auch Japans übrige Chemie-Riesen mischen kräftig mit im Gen-Geschäft. *Sumitomo Chemical Company* arbeitet mit der schwedischen Firma *Kabi* an Wachstumshormonen – *Genentech* gibt die Lizenz dazu. *Toray Industries* und *Kyowa Hakko Kogyo* experimentieren mit Interferon. Und *Mitsui Toatsu Chemicals* hat sich mit Genex verbündet, um das Trombose-Mittel Urokinase herzustellen.

In Japans Nahrungsmittelindustrie heizt die aufkommende Gentechnik den Konkurrenzkampf an. Denn zwar ist *Ajinomoto Company* zum Beispiel der führende Aminosäuren-Hersteller der Welt. Der kleinere Konkurrent *Kyowa Hakko Kogyo* beherrscht aber die billigeren Fermentationsverfahren wesentlich besser. Jetzt setzt Ajinomoto auf neue, genetisch manipulierte E. coli-Stämme, die die Produktion abermals verbilligen sollen. Mit im Rennen um neue Prozesse der Nahrungsmittelherstellung sind außerdem *Tanabe Sesyaku Company* und *Asahi Chemical Industry Company*.

Druck aus Bonn

Während in Japan die Zusammenführung von Grundlagenforschung und industrieller Verwertung der Gentechnik unter der Führung des MITI zu gelingen scheint, tut sich in der Bundesrepublik das Bonner Forschungsministerium eher schwer, als Katalysator bei der Verschmelzung von Industrie und akademischem Betrieb zu wirken. Immerhin – während die Industrie den internationalen Rückstand in der Biotechnologie zum Teil nicht einmal zur Kenntnis nehmen will, hat das Bundesforschungsministerium das Problem zumindest erkannt.

In seinem *»Leistungsplan Biotechnologie«* für die Planperiode 1979 bis 1983 hält das Ministerium fest: »In den USA und Japan sind Anwendungsmöglichkeiten biotechnologischer Forschungsergebnisse frühzeitig erkannt und teilweise auch staatlicherseits gefördert worden. In der Bundesrepublik Deutschland dagegen ist das Potential der Biotechnologie noch weitgehend unerschlossen geblieben.« Die Gründe: Der Informationsfluß zwischen Grundlagen- und Industrieforschung fehle; die Industrie habe die Bedeutung biotechnischer Verfahren unterbewertet; in die Biotechnologie sei zu wenig investiert worden. Resümee der Forschungsbürokraten: »Die marktwirtschaftlichen Anreize allein reichen nicht aus, um die Unternehmen zur Eigenfinanzierung der im öffentlichen Interesse notwendigen Forschungs- und Entwicklungsprojekte zu veranlassen.«

Bonn hat sich deshalb die Unterstützung der Bioforschung

immer größere Summen kosten lassen. Wies der Leistungsplan Biotechnologie 1974 erst 33 Millionen Mark Fördermittel aus, so hatte sich diese Summe bis 1982 auf siebzig Millionen Mark mehr als verdoppelt. In den vergangenen zwölf Jahren steckte Bonn insgesamt 463 Millionen Mark in die Bioforschung.

Doch wurden 1974 noch zu annähernd gleichen Teilen einzelne Projekte der Industrie und öffentliche Forschungseinrichtungen unterstützt, so blieb der institutionellen Forschung 1982 nur noch ein Viertel der Fördermittel. Mit anderen Worten – drei Viertel der Subventionen wurde für vereinzelte, unkoordinierte Industrievorhaben vergeudet, von denen man annehmen darf, daß sie auch ohne Bonner Stütze von der Industrie durchgeführt worden wären.

Zwar kassiert die Industrie immer gern Gelder aus Bonn, doch zusätzliche Forschung wird durch den finanziellen Anreiz vom Staat mitnichten mobilisiert. Ein Top-Manager eines in der Gentechnik führenden deutschen Chemiekonzerns: »Es ist fast schon ein bißchen unfair, daß wir dieses Geld aus Bonn genommen haben. Denn was wir uns leisten können, machen wir sowieso – was nicht, das lassen wir. Die ein, zwei Milliönchen aus Bonn sind für unsere Forschungsentscheidungen bedeutungslos.«

Was da für die institutionelle Förderung blieb, reichte nicht aus, die mit Biotechnik befaßten Großforschungseinrichtungen des Bundes zum starken Glied zwischen Industrie und Hochschulen werden zu lassen. Spitzenforscher können auf Dauer kaum mit den nach Bundesangestelltentarif bezahlten Jobs zufrieden sein, wie sie etwa die Gesellschaft für Biotechnologische Forschung (GBF) zu bieten hat, die nach dem Willen Bonns die gentechnische Entwicklung in der Bundesrepublik vorantreiben soll. Neben der GBF ist das *Institut für Biotechnologie* (IBT) an der Kernforschungsanlage Jülich die zweite öffentliche Großforschungseinrichtung, die sich mit Gentechniken befaßt.

Um endlich Gewißheit darüber zu erhalten, wie gut oder schlecht die öffentlich betriebene Bioforschung in der Bundesrepublik ist, ließ der neue Forschungsminister *Heinz Riesenhuber* deshalb 1983 eine Expertenkommission untersuchen, was GBF und IBT bislang geleistet haben. Die neun Gutachter, sämtlich im Professorenrang, befanden mit Blick in die ferne Zukunft, daß Gentechnik und neue Bioverfahren in der Tat ungeahnte Möglichkeiten erschlössen. Doch vergleiche man den Stand der Forschung in der Bundesrepublik mit dem in anderen Ländern, so stelle man einen beachtlichen Rückstand auf drei Gebieten fest:

- der Gentechnologie und der Genetik industriell relevanter Mikroorganismen,
- dem Bau und der Instrumentierung von Bioreaktoren, kurz der Geräteseite, und
- auf dem Gebiet eines wirkungsorientierten Naturstoff-Screening (Mikrobiologie, Zellbiologie), aus dem sich neue biotechnologische Prozesse ergeben können.

In der Gesellschaft für Biotechnologische Forschung, so die Gutachter, seien die »Forschungs- und Entwicklungsarbeiten der einzelnen Abteilungen von außerordentlich unterschiedlicher Qualität. Leistungsfähige Arbeitsgruppen seien »sehr in der Minderzahl«. Einige Gruppen betrieben »gute Grundlagenforschung, der aber der gewünschte langfristige Anwendungsbezug« fehle. Die Ergebnisse mehrer Gruppen seien, »am internationalen Standard gemessen, eher als unterdurchschnittlich zu bezeichnen. Für die Zusammenarbeit zwischen den Abteilungen der GBF (gebe) es einige rühmenswerte Beispiele. Insgesamt aber (lasse) die interdisziplinäre Zusammenarbeit, die vom Charakter biotechnologischer Forschung her eine absolute Notwendigkeit ist, sehr zu wünschen übrig.«

Beim Institut für Biotechnologie in Jülich attestierten die Sachverständigen nur zwei von drei Teilinstituten beeindrukkende Leistungen. Das Arbeitsgebiet eines dritten Teilinstituts sahen sie »als problematisch« an.

Bonns Gutachtern mußte höchst gelegen kommen, daß die Bundesforscher sich als Sündenböcke boten für den schlechten Start der Deutschen in die Bio-Zukunft. Denn von den Herren Sachverständigen war selber keiner frei von Schuld am Rückstand der heimischen Forschung.

Vier der weisen Neun walteten, wenn sie nicht gerade Gutachten schrieben, als Vorstände deutscher Chemie- und Pharmakonzerne. Wenn jemand hierzulande das Gen-Geschäft verschlafen hat, dann die Industrie. Fünf der neun Gutachter sind Hochschullehrer an deutschen Universitäten. Das Defizit in der gentechnischen Grundlagenforschung haben die Universitäten sicher eher zu verantworten als die staatlichen Forschungsförderer.

Wenn nicht alles täuscht, stellten Gutachter und Minister reichlich hohe Anforderungen an die staatlichen Forscher. Das Erfolgsrezept der amerikanischen Gentechnik-Industrie ist die unkomplizierte ökonomische Verbindung von hochqualifizierten Universitätsforschern und Kapitalgebern. Mit der Aufgabe, jene »Mittlerfunktion zwischen Hochschulinstituten und Unternehmen auszuüben – so formulierte das noch 1980 zu Forschungsminister Hauffs Zeiten der *»Leistungsplan Biotechnologie«* – waren die Großforschungsinstitute in Braunschweig und Jülich von Anfang an überfordert. Eine Chance hätten sie nur dann gehabt, wenn die Industrie aus eigenem Antrieb Kooperationsmöglichkeiten gesucht und geboten hätte. Doch da regte sich nicht viel.

Ein Wissenschaftler der GBF in Braunschweig: »Die Großindustrie ist kaum unter unseren Partnern. Allenfalls kleinere Firmen – oder Ausländer – haben die Zusammenarbeit mit uns gesucht.« Das Vorstandsmitglied eines großen Pharmakonzerns bestätigt das aus seiner Sicht: »Kooperationen mit der GBF hat es bei uns nicht gegeben. Vielleicht wußten wir auch nicht alles, was die können. Es mag sein, daß die sich unter Wert verkauft haben.« Daran ist viel Wahres. Verstecken müssen sich die Braunschweiger Forscher mit ihren wissenschaftlichen Leistungen gewiß nicht. So hat etwa die Genetik-Abteilung der GBF 1978 weltweit als erstes Institut gentechnische Methoden zur Gewinnung industriell nutzbarer Enzyme angewendet, indem besonders leistungsfähige Pilzstämme zur Herstellung von Penicillin-Amylase kloniert wurden. Zu den vorzeigbaren Leistungen der von Bonn gesponsorten Forscher gehört auch die Expression von *Beta-Interferon* in Mäusezellen – auch das eine wichtige globale Premiere – oder die Entwicklung besonders leistungsfähiger Bakterienstämme zur Produktion von Beta-Interferon. Die Enzym-Techniker der Gesellschaft haben ein Verfahren zur Extraktion von schwer isolierbaren Enzymen entwickelt, das nicht nur bei deutschen Firmen auf reges Interesse gestoßen ist.

Überhaupt – entgegen dem Urteil der Gutachter-Kommission hat es die GBF durchaus verstanden, ihre Forschungsergebnisse industriell nutzbar zu machen. Die nackten Zahlen jedenfalls legen diesen Schluß nahe. Binnen der letzten fünf Jahre hat die Gesellschaft aus Forschungs- und Entwicklungsaufträgen drei Millionen DM eingenommen, aus dem Verkauf von Lizenzen 750000 DM. Gemessen an den vergleichbaren Summen, die in den USA bewegt werden, sind das bescheidene Beträge. In Relation zu dem, was die anderen Großforschungseinrichtungen des Bundes aus ihrem Technologie-Transfer einnehmen, hat die GBF sich indes gut verkauft.

Was die Forschungsmanager der Großindustrie an den Staatsforschern vor allem störte, scheinen in Wahrheit weniger wissenschaftliche Fehlleistungen gewesen zu sein als vielmehr Organisations- und Führungsmechanismen in der Gesellschaft, die Industrieleuten eher befremdlich vorgekommen sein müssen. In den Augen der Gutachter entfalteten die GBF-Forscher zu starken Hang zur Mitbestimmung.

Bei der als GmbH organisierten *Gesellschaft für Biotechnologische Forschung* kontrollierten und berieten Gesellschafterversammlung und Aufsichtsrat, Geschäftsführung und Wissenschaftlich-Technischer Rat, wissenschaftlicher Beirat, Abteilungsräte und Betriebsrat.

Was den Wissenschaftlern in Braunschweig als praktizierte Freiheit der Forschung erschien, bewertete die Gutachterkommission als Quell allen Übels: »Die Kommission ist zu der Überzeugung gekommen, daß die derzeitige Leitungs- und Organisationsstruktur der GBF verfehlt ist. Mit dieser Struktur ist weder eine effiziente Leitung der Gesellschaft, noch eine zureichende Qualitätskontrolle möglich ... Die Geschäftsführung war und ist ernsthaft bemüht, den jeweiligen Vorgaben der Gesellschafter im Rahmen der ihr zugewiesenen Möglichkeiten zu entsprechen. Jedoch ist ihr Handlungsspielraum durch Gremienvielfalt und Kompetenzwirrwarr unzumutbar eingeschränkt.«

Konzentration oder breite Offensive?

Die Gutachter ließen es bei der Kritik nicht bewenden. Sie warteten auch mit einer Reihe von Vorschlägen auf, welche die biotechnologische Großforschung fitmachen sollen für den wissenschaftlichen Wettlauf gegen die internationale Konkurrenz. Dringend empfahlen die Experten dem Bundesforschungsminister das Dickicht der Gremien bei der Gesellschaft für Biotechnologische Forschung zu lichten. In den zehnköpfigen Aufsichtsrat sollen zudem zwei Industrievertreter.

Mehr Kopfzerbrechen mußte der Forschungsminister Riesenhuber der Gutachter-Rat bereiten, das Jülicher Institut für Biotechnologie zu verkleinern und der Braunschweiger GBF anzugliedern. In Braunschweig soll dadurch Platz geschaffen werden, daß dort sämtliche Arbeiten an pflanzlichen Zellkulturen aufgegeben werden. Dadurch würde dort sogar, so die Gutachter, der geplante Bau eines 40 Millionen DM teuren neuen Labors zunächst überflüssig.

Doch derlei Schrumpf-Pläne wollen nicht so recht zu Riesenhubers Bekenntnis passen, der Biotechnologie in der Forschungsförderung künftig Vorrang zu geben. Wenn er denn überhaupt der Ansicht ist, daß die Bundesrepublik eine biotechnische Großforschungseinrichtung braucht, wird er wohl eher klotzen statt kleckern müssen. Vor allem wollen die GBF-Wissenschaftler nicht einsehen, daß ihre Arbeit an pflanzlichen Zellkulturen sterben soll – einem Forschungsgebiet, das als besonders zukunftsträchtig gilt.

Gegen die große Zukunft der Großforschung in Braunschweig spricht indes, daß längst vier andere deutsche Genforschungszentren im Entstehen sind, die auf des Forschungsministers Segen rechnen dürfen. Ihr großer Vorzug ist, daß sie Hochschulinstitute und Industrie direkt zusammenbringen.

In Köln arbeiten Bayer, die Universität und das Max Planck-Institut für Züchtungsforschung zusammen – Bonn gibt bis 1986 über sechzehn Millionen DM dazu. In Heidelberg kooperieren die Universität und BASF, Bonn zahlt bis 1985 fast 19 Millionen Mark. In München rechnet eine Arbeitsgemeinschaft von Bayer, Hoechst, der Universität und dem Max Planck-Institut auf Bonner Mittel. Und in Berlin kooperiert Schering mit der Universität, der Berliner Senat gibt einen Zuschuß und hofft auch auf Bonner Hilfe.

Das läßt keinen Zweifel zu, daß Minister Riesenhuber, die Hochschulen und die Industrie im internationalen Rennen um das Gen-Geschäft dabei sein wollen. Den Start dazu haben die Deutschen ohne Zweifel verschlafen. Doch das Rennen geht über eine lange Distanz. Bis ins Ziel kann noch viel Boden gutgemacht werden.